中等职业学校数控技术应用专业项目教程

# 数控车加工
# 项目教程

■ 主　编　喻志刚

■ 副主编　陈翠萍

适用专业
- 数控技术应用专业
- 模具设计与制造专业
- 机电一体化专业

WUHAN UNIVERSITY PRESS

武汉大学出版社

**图书在版编目(CIP)数据**

数控车加工项目教程/喻志刚主编. —武汉:武汉大学出版社,2014.7
中等职业学校数控技术应用专业项目教程
ISBN 978-7-307-13514-7

Ⅰ.数…　Ⅱ.喻……　Ⅲ.数控机床—车床—加工工艺—中等专业学校—教材　Ⅳ.TG519.1

中国版本图书馆 CIP 数据核字(2014)第 120889 号

责任编辑:胡　艳　　　责任校对:汪欣怡　　　版式设计:韩闻锦

出版发行:**武汉大学出版社**　　(430072　武昌　珞珈山)
　　　　　(电子邮件:cbs22@ whu. edu. cn 网址:www. wdp. whu. edu. cn)
印刷:武汉中科兴业印务有限公司
开本:787×1092　1/16　印张:15.5　　字数:363 千字　插页:1
版次:2014 年 7 月第 1 版　　　2014 年 7 月第 1 次印刷
ISBN 978-7-307-13514-7　　　　定价:30.00 元

# 前　　言

　　随着数控机床设备的日益增多，企业对掌握数控技术的技能型人才的需求逐年增加，因此培养数控技术应用领域的专业技能型人才十分迫切。在这种情况下，多位长期从事中职数控技术应用专业教学的专业骨干教师与行业企业的专家通力合作，针对中职生源的特点，以培养学生学习能力及操作技能为目的，编写了本教材。

　　本书具有以下特点：

　　1. 以就业为导向，以国家职业标准中级数控车工考核要求为依据。

　　2. 在结构上，从中职学生的基础能力出发，遵循专业理论的学习规律和技能的形成规律，根据数控车床加工特征分若干教学任务，按照由简到难的顺序，设计一系列的项目，使学生在项目和任务的引导下学习数控车床加工的知识，通过理实一体化模式完成教学任务。

　　3. 在内容上，全书分为5个项目，以零件的数控车削加工工作过程为主线，以具体的工作任务为驱动力，引导学生系统地掌握数控加工工艺方案的制定、刀具选择、程序编制、机床操作及零件检测等各项工作。本书介绍的指令以国产数控系统——华中数控世纪星 HNC-21T 为根据。

　　4. 在形式上，通过"任务要求"、"知识与能力目标"、"任务准备"、"任务实施"、"任务总结评价"、"知识和技能拓展"等形式，引导学生明确各任务的学习目标，学习与任务相关的知识与技能，并适当拓展相关知识。

　　本书由武汉机电工程学校喻志刚主编。参编人员有武汉机电工程学校陈翠萍（编号项目1和项目2中任务2-1、任务2-4）、石磊、韩喜峰、陈丽、李乐、侯玉芹，以及中国长江动力集团万智前工程师。感谢湖北工业大学胡松林教授对本书的指导。

　　由于编者水平和经验有限，书中难免有错漏和不当之处，恳请同行专家和读者批评指正。

编　者

2014 年 4 月

# 目　　录

# 项目1　数控车床基本操作

## 任务1-1　数控车床基础知识

### 一、任务要求

（1）了解数控车床的种类；

（2）认识数控车床的结构组成；

（3）熟悉数控车削的加工特点及应用场合。

### 二、能力目标

（1）能指出数控车床的型号标记中各代码的含义；

（2）能区分数控车床的各组成部分及作用；

（3）具有区分立式数控车床、水平导轨式数控车床和倾斜导轨式数控车床的能力。

### 三、知识准备

（一）数控车床概述

数控（Numerical Control，NC）：采用数字化信息对数控机床的运动及其加工过程进行控制的方法。数控一般是采用通用或专用计算机实现数字程序控制，因此数控也称为计算机数控（Computer Numerical Control，CNC），现在一般都称为 CNC，很少再用 NC 这个概念了。

数控机床：应用数控技术对加工过程进行控制的机床。

数控车床又称为 CNC 车床，是用计算机数字化信号控制的机床。操作时，将编制好的加工程序输入到机床专用的计算机中，再由计算机指挥机床各坐标轴的伺服电动机去控制车床各部件运动的先后顺序、速度和移动量，并与选定的主轴转速相配合，车削出形状不同的工件。数控车床上零件的加工过程如图 1-1-1 所示。

图 1-1-1　数控车床上零件的加工过程

（二）数控车床的型号标记

数控车床采用与卧式车床相类似的型号表示方法，由字母及一组数字组成。例如，数控车床 CKA6140 各代号含义如下：

（三）数控车床的种类

数控车床按不同方式分为不同的种类。下面按所配置的数控系统、数控车床功能、主轴配置形式、控制方式分别介绍。

1. 按数控系统分类

目前，工厂常用数控系统有 BEIJING-FANUC（北京发那科）数控系统、SIEMENS（西门子）数控系统、广州数控系统、三菱数控系统、华中数控系统等。每一种数控系统又有多种型号，例如 BEIJING-FANUC（北京发那科）系统有 0i-MD、0i-TD、Oi-Mate-MD、Oi-Mate-TD、30i-B、31i-B、32i-B 等；SIEMENS（西门子）系统有 SINUMERIK802S、802C、802D、810D、840D 等；华中数控有车床系统 HNC-21T、HNC-8AT、HNC-8BT、HNC-210BT、HNC-18XP-T，以及铣床系统 HNC-21M、HNC-210AM、HNC-210BM，等等。各种数控系统指令各不相同，即使同一系统不同型号，其数控指令也略有差别，使用时应以系统说明书指令为准。本书以华中数控系统 HNC-21T 为例。

2. 按数控车床的功能分类

（1）经济型数控车床。经济型数控车床是在卧式车床基础上进行改进设计的，一般采用步进电动机驱动的开环伺服系统，其控制部分通常采用单板机或单片机。经济型数控车床成本较低，自动化程度和功能都较差，车削加工精度也不高，适用于要求不高的回转类零件的车削加工。

（2）普通数控车床。根据车削加工要求，在结构上进行专门设计，并配备通用数控系统而形成的数控车床，其数控系统功能强，自动化程度和加工精度也比较高，可同时控制两个坐标轴，即 $X$ 轴和 $Z$ 轴，应用较广，适用于一般回转类零件的车削加工。

（3）车削加工中心。在普通数控车床的基础上，增加了 $C$ 轴和铣削动力头，更高级的数控车床带有刀库，可控制 $X$、$Z$ 和 $C$ 三个坐标轴，联动控制轴可以是（$X$、$Z$）、（$X$、$C$）或（$Z$、$C$）。由于增加了 $C$ 轴和铣削动力头，这种数控车床的加工功能大大增强，除可以进行一般车削外，还可以进行径向和轴向铣削、曲面铣削，以及中心线不在零件回转中心的孔和径向孔的钻削等加工。

3. 按车床主轴配置形式分类

（1）立式数控车床。立式数控车床主轴处于垂直位置，有一个直径很大的圆形工作台，供装夹工件，如图 1-1-2 所示。立式数控车床主要用于加工径向尺寸大、轴向尺寸相对较小的大型复杂零件。

（2）卧式数控车床。卧式数控车床主轴轴线处于水平位置，生产中使用较多，常用于加工径向尺寸较小的轴类、盘类、套类复杂零件。它的导轨有水平导轨式和倾斜导轨式两种。水平导轨结构用于普通数控车床、经济型数控车床。水平导轨式数控车床的外形如图 1-1-3 所示。

图 1-1-2　立式数控车床

图 1-1-3　卧式数控车床

倾斜导轨结构可以使车床具有较大的刚性，且易于排除切屑，用于档次较高的数控车床及车削加工中心。倾斜导轨式数控车床的外形如图 1-1-4 所示。

图 1-1-4　倾斜导轨式数控车床

4. 按控制方式分类

按控制方式分，数控车床可分为开环控制、半闭环控制和闭环控制三大类。

（1）开环控制系统的数控车床。开环控制系统的数控车床是指不带反馈装置的数控车床。进给伺服系统采用步进电动机，数控系统每发出一个指令脉冲，经驱动电路功率放大后，驱动步进电动机旋转一个角度，然后经过减速齿轮和丝杠螺母机构，转换为刀架的直线移动。系统信息流是单向的，如图 1-1-5 所示。

开环控制系统的数控车床不具有反馈装置，对移动部件实际位移量的测量不能与原指令值进行比较，也不能进行误差校正，因此系统精度低。但因其结构简单、成本低、技术容易掌握，故在中、小型控制系统的经济型数控车床中得到应用，尤其适用于旧机床改造的简易数控车床。

图 1-1-5　开环控制系统框图

（2）半闭环控制系统的数控车床。半闭环控制系统的数控车床在伺服机构中装有角位移检测装置，通过检测伺服机构的滚珠丝杠转角，间接测量移动部件的位移，然后反馈到数控装置中，与输入原指令位移值进行比较，用比较后的差值进行控制，以弥补移动部件位移，直至差值消除为止。由于丝杠螺母机构不包括在闭环之内，所以丝杠螺母机构的误差仍然会影响移动部件的位移精度，如图 1-1-6 所示。

半闭环控制系统的数控车床采用伺服电动机，结构简单、工作稳定、使用维修方便，目前应用比较广泛。

图 1-1-6　半闭环控制系统框图

（3）闭环控制系统的数控车床。闭环控制系统的数控车床在车床移动部件位置上直接装有直线位置检测装置，将检测到的实际位移反馈到数控装置中，与输入的原指令位移值进行比较，用比较后的差值控制移动部件作补充位移，直至差值消除为止，达到精度要求，如图 1-1-7 所示。

图 1-1-7　闭环控制系统框图

闭环控制系统数控车床的优点是精度高（一般可达 0.01mm，最高可达 0.001mm），但结构复杂、维修困难、成本高，适用于加工精度要求很高的场合。

（四）数控车床的组成

数控车床是应用最广泛的数控机床之一，图 1-1-8 所示为一台水平导轨式数控车床，其各部分的名称和功能见表 1-1-1。

图 1-1-8　水平导轨式数控车床

表 1-1-1　　　　　　　　　　　　　数控车床各部分名称及功能

| 序号 | 名称 | 功　　能 |
|---|---|---|
| ① | 数控装置 | 主要功能是接收输入装置的信号，经过编译、插补运算和逻辑处理后，输出信号和指令到伺服系统，进而控制机床的各个部分进行动作 |
| ② | 导轨 | 起导向及支承作用，它的精度、刚度及结构形式等对机床的加工精度和承载能力有直接影响 |
| ③ | 卡盘 | 夹持工件 |
| ④ | 刀塔 | 安装刀具 |
| ⑤ | 尾座 | 用于安装顶尖、钻头等 |
| ⑥ | 防护门 | 安全防护作用 |
| ⑦ | 床身 | 支撑数控车床各部件 |

根据机床各组成部分的功能，可将数控机床分为输入输出设备、数控装置、伺服系统和机床本体等部分组成，其组成框图如图 1-1-9 所示。

图 1-1-9　数控机床的组成

## 1. 输入输出设备

输入输出设备的作用是实现数控加工程序及相关数据的输入、显示、存储以及打印等。常用的输入设备有 USB 接口、RS232C 串行通信口以及 MDI 方式等，输出设备有显示器、打印机等，如图 1-1-10 所示。

图 1-1-10　带键盘、USB、RS232C 的输入输出设备

## 2. 数控装置

数控装置是数控机床的核心，它接收来自输入设备的程序和数据，并按输入信息的要求完成数值计算、逻辑判断和输入输出控制等。数控装置通常由一台通用或专用微型计算机与输入输出接口板、可编程控制器等连接构成，如图 1-1-11 所示。

图 1-1-11　华中数控世纪星 HNC-21

## 3. 伺服系统

伺服系统是数控机床的执行部分，它的作用是把来自数控装置的脉冲信号转换成机床的运动。每一个脉冲信号使机床移动部件产生的位移量叫做脉冲当量，常用的脉冲当量为 0.001mm/脉冲。每个进给运动的执行部件都有相应的伺服驱动系统，其性能是决定数控机床的加工精度、表面质量、生产率的主要因素之一。伺服系统由伺服驱动电路和伺服驱动装置组成。如图 1-1-12 所示。

图 1-1-12 伺服驱动装置示意图

### 4. 机床本体

机床本体是数控机床的主体，是用于完成各种切削加工的机械部分。主要包括：主运动部件、进给运动部件（如工作台、刀架等）、支承部件（如床身、立柱等），还有冷却、润滑、转位部件以及夹紧、换刀机械手等辅助装置。

对于半闭环、闭环数控机床，还带有检测反馈装置，其作用是检测机床的实际运动速度、方向、位移量以及加工状态，并把检测结果转化为电信号反馈给数控装置，再通过比较，计算出实际位置与指令位置之间的偏差，并发出纠正误差指令。常用位置检测元件有感应同步器、光栅、编码器、磁栅和激光测距仪等。

### （五）数控车削的加工特点

与普通车削相比，数控车削的加工具有以下特点：

（1）对加工对象适应性强。在数控机床上要改变加工零件时，只需要重新编制程序，不需要变换更多的夹具和重新调整机床，就可以快速地从加工一种零件转变为加工另一种零件，这给单件、小批量及新产品的试制提供了极大的便利。

（2）加工精度高，质量稳定。由于数控机床的制造特点，与普通机床相比，数控机床能够达到比较高的加工精度，对于一般的数控机床，定位精度能达到±0.01 mm，重复定位精度可达到±0.005 mm；而且，在加工过程中，操作人员不参与，这样就消除了人为误差。

（3）生产效率高。由于数控机床具有自动换刀、自动调速等功能，自动化程度高；另外，机床的刚性好，在加工过程中可以采用较高的转速和较大的切削用量，可有效地减少零件的加工时间和辅助时间，所以，数控机床的加工效率比普通机床要高几倍，尤其加工复杂的零件时，生产效率可以提高到十几倍甚至几十倍。

（4）劳动条件好。数控机床的自动化程度高，大大减轻了操作者的劳动强度。另外，数控机床一般采用封闭式加工，既清洁又安全，劳动条件得到了改善。

（5）有利于生产管理。由于目前所有的数控系统在加工过程中都能准确地计算出零件的加工时间，从而有利于编制生产计划、简化检验工作。此外，还可以对刀具、夹具进行规范化管理。

（6）价格昂贵。数控机床涉及机械、计算机、自动化控制、软件技术等诸多领域，总体价格昂贵，加工成本高。

（7）调试、维修较困难。由于数控机床涉及的领域较多、结构较复杂，所以其调试、维修较困难，要求操作人员要经过专门的技术培训。

（六）数控车床的应用场合

由于数控车床具有加工精度高，能作直线和圆弧插补，在加工过程中能自动变速等特点，因此其工艺范围较普通机床宽得多。凡是能在普通车床上装夹的回转体零件都能在数控车床上加工。针对数控车的特点，下列几类零件最适合数控车削加工：

1. 精度要求高的回转体零件

由于数控车床刚性好，制造和对刀精度高，以及能方便、精确地进行人工补偿和自动补偿，所以能加工尺寸精度较高的零件，在有些场合可以以车代磨。此外，数控车削的刀具运动是通过高精度插补运算和伺服驱动来实现的，再加上机床的刚性好和制造精度高，所以它能加工对母线直线度、圆度、圆柱度等形状精度要求高的零件。对于圆弧以及其他曲线轮廓，加工出的形状与图纸上所要求的几何形状的接近程度比用仿形车床加工要高得多。数控车削对提高位置精度还特别有效。不少位置精度要求高的零件在用普通车床车削时，因机床制造精度低，工件装夹次数多而达不到要求，只能在车削后用磨削或其他方法弥补。

2. 表面粗糙度要求高的回转体零件

数控车床具有恒线速切削功能，能加工出表面粗糙度值小而均匀的零件。在材质、精车余量和刀具已定的情况下，表面粗糙度取决于进给量和切削速度。在普通车床上车削锥面和端面时，由于转速恒定不变，车削线速度不断变化致使车削后的表面粗糙度不一致。使用数控车床的恒线速切削功能，就可选用最佳线速度来切削锥面和端面，使车削后的表面粗糙度值既小又一致。数控车削还适合于车削各部位表面粗糙度要求不同的零件。粗糙度值要求大的部位选用大的进给量，粗糙度值要求小的部位选用小的进给量。

3. 表面形状复杂的回转体零件

由于数控车床具有直线和圆弧插补功能，因此可以车削由任意直线和曲线组成的形状复杂的回转体零件。

组成零件轮廓的曲线可以是数学方程式描述的曲线，也可以是列表曲线（样条线）。对于由直线和圆弧组成的轮廓，可直接利用机床的直线或圆弧插补功能；对于由非圆曲线组成的轮廓，应先用直线或圆弧去逼近，然后再用直线或圆弧插补功能进行插补切削。

4. 带特殊螺纹的回转体零件

普通车床所能车削的螺纹相当有限，它只能车等导程的直线、锥面，以及公、英制螺纹，而且一台车床只能限定加工若干种导程。数控车床不但能车削任何等导程的直线、锥面和端面螺纹，而且能车增导程、减导程，以及要求等导程与变导程之间平滑过渡的螺纹。数控车床车削螺纹时，主轴转向不必像普通车床那样交替变换，它可以一刀一刀不停顿地循环，直到完成，所以数控车床车螺纹的效率很高。数控车床可以配备精密螺纹车削功能，再加上采用硬质合金成型刀片及较高的转速，所以车削出来的螺纹精度高、表面粗糙度小。

### 四、任务实施

（1）指出 CK6132S 数控车床各代码的含义。

（2）认真观察数控车床（图 1-1-13），在表 1-1-2 中填写下图中数控车床各部分的名称及功能。

图 1-1-13　数控车床

表 1-1-2

| 序号 | 名称 | 功　　能 |
|---|---|---|
| ① | | |
| ② | | |
| ③ | | |
| ④ | | |
| ⑤ | | |
| ⑥ | | |
| ⑦ | | |

（3）如图 1-1-14 ～ 图 1-1-16 所示，在对应车床下填写立式数控车床、水平导轨式数控车床和倾斜导轨式数控车床。

| 图 1-1-14 | 图 1-1-15 | 图 1-1-16 |
| --- | --- | --- |
|  |  |  |

## 五、任务总结评价

### （一）自我评估

针对能力目标，对自己在任务实施过程中的表现给出分数（满分 100 分）以及 A 优秀、B 良好、C 合格、D 不合格等级予以客观评价。

| 知识与能力 | |
| --- | --- |
| 问题与建议 | |
| 自我打分：　　　分 | 评价等级：　　　级 |

### （二）小组评价

小组同学对该同学在任务实施过程中的表现给出分数（单项 0 ~ 20 分）及等级予以客观、合理评价。

| 独立工作能力 | 学习创新能力 | 小组发挥作用 | 任务完成 | 其　他 |
| --- | --- | --- | --- | --- |
| 　　　分 | 　　　分 | 　　　分 | 　　　分 | 　　　分 |
| 五项总计得分：　　　分 | | | 评价等级：　　　级 | |

### （三）教师评价

指导教师根据学生在学习及任务实施过程中的工作态度、综合能力、任务完成情况予以评价

得分：　　　分，评价等级：　　　级

# 任务 1-2　数控车床面板功能

### 一、任务要求

（1）掌握 HNC-21T 系统数控车床面板功能；
（2）掌握数控车床安全操作规程；
（3）熟悉数控车床的日常维护及保养。

### 二、能力目标

（1）能区分数控系统操作面板中各区域的名称及功能；
（2）能指出机床控制面板中各区域的名称及功能，并掌握各按键的具体使用方法；
（3）熟练掌握 MDI 键盘中各按键的输入功能。

### 三、知识准备

（一）数控车床面板功能介绍

1. HNC-21T 数控系统操作面板

HNC-21T 数控系统操作面板如图 1-2-1 所示，其各组成部分功能见表1-2-1。

图 1-2-1　HNC-21T 数控系统操作面板

表 1-2-1                         **HNC-2IT 数控系统操作面板的组成及功能**

| 序号 | 名称 | 功　　能 |
| --- | --- | --- |
| ① | 机床控制面板 | 用于数控机床的手动控制 |
| ② | MDI 键盘 | 用于程序的手动输入及编辑 |
| ③ | 液晶显示器 | 用于显示数控系统软件操作界面 |
| ④ | 功能键 | 用于数控系统软件菜单操作 |
| ⑤ | "急停"按钮 | 用于机床紧急停止及复位 |

**2. 机床控制面板**

机床控制面板如图 1-2-2 所示，各区域功能见表 1-2-2，各按键功能见表 1-2-3。

图 1-2-2　机床控制面板

表 1-2-2                         **机床控制面板各区域功能**

| 序号 | 名　　称 | 功　　能 |
| --- | --- | --- |
| ① | 工作方式选择键 | 包括"自动"、"单段"、"手动"、"增量"、"回零"等工作方式选择键，用于选择机床的工作方式 |
| ② | 增量倍率选择键 | 用于"增量"工作方式时的倍率选择 |
| ③ | 辅助动作手动控制键 | 包括主轴控制、冷却液控制及换刀控制键 |
| ④ | 倍率修调键 | 包括主轴修调、快速修调和进给修调键 |
| ⑤ | 坐标轴移动手动控制键 | 包括"X 正反方向移动"、"Z 正反方向移动"及"快速移动"键 |
| ⑥ | 自动控制键 | 用于"自动"和"单段"工作方式下的机床控制 |
| | 其他键 | 包括空运行和机床锁住及超程解除等辅助动作按键 |

表 1-2-3　　　　　　　　　　　　　机床控制面板各按键功能

| 按键 | 功　　能 |
|---|---|
| ●自动 | "自动"工作方式下：自动连续加工工件；模拟加工工件；在 MDI 模式下运行指令 |
| ●单段 | "单段"工作方式下：用于单段程序的运行，在自动运行时，每按下一次 ●循环 启动 键（绿色按钮），NC 系统执行一个程序段后自动停止 |
| ●手动 | "手动"工作方式下：可以手动控制机床，通过机床操作按键可手动换刀、手动移动机床各轴、主轴正反转、手动松紧卡爪、伸缩尾座等 |
| ●增量 | "增量"工作方式下：每按一次，机床将移动"一步"。定量移动机床坐标轴，移动距离由倍率调整（当倍率为"×1"时，定量移动距离为 1μm，可控制机床精确定位，但不连续）<br>"手摇"工作方式下：当手持盒打开后，"增量"方式变为"手摇"。倍率仍有效。可连续精确控制机床的移动。机床进给速度受操作者的手动速度和倍率控制 |
| ●回参考点 | "回参考点"工作方式下：手动返回参考点，建立机床坐标系（机床开机后应首先进行此操作） |
| ●空运行 | 此功能用于程序的快速空运行。在"自动"工作方式下，按下该键后，机床以系统最大快移速度运行程序，此时程序中的 F 代码无效。<br>按下一次，指示灯亮，说明此状态选中；再按一次，指示灯暗。下面各按键同 |
| ●×1 ●×10 ●×100 ●×1000 | 倍率选择键："增量"和"手摇"工作方式下有效。通过该类按键选择定量移动的距离量。基本单位是脉冲当量，即 0.001mm，如按下 ●×1000 按键，其指示灯亮，其速度为 1000×0.001＝1，也就是说，每按一次"X（Z）方向"按键，相应移动 1mm 的距离 |
| ●超程解除 | 当坐标轴运行超出安全行程时，行程开关撞到机床上的挡块，切断机床伺服强电，机床不能动作，起到保护作用。如要重新工作，需在"手动"工作方式下，一直按下该键，并同时按下超程方向的反方向按键（比如+X 方向超程，按下–X 方向按键），可解除超程 |

续表

| 按键 | 功　　能 |
|---|---|
| •程序<br>跳段 | 在"自动"工作方式下,如程序中使用了跳段符号"/",当按下该键后,程序运行到有该符号标定的程序段,即跳过不执行该段程序;解除该键,则跳段功能无效 |
| •选择<br>停 | 在"自动"工作方式下,如程序中使用了 M01 辅助指令,当按下该键后,程序运行到该项指令即停止;再按"循环启动"键,继续运行。解除该键,则 M01 功能无效 |
| •机床<br>锁住 | 在"自动"、"手动"工作方式下,按下该键,机床的所有实际动作无效(不能自动、手动控制进给轴、主轴、冷却等实际动作),但指令运算有效。故可在"自动"工作方式下,按下此按键模拟运行程序 |
| •冷却<br>开 / 停 | "手动"工作方式下,按一次此按键,指示灯亮,机床冷却液开启;再按下此按键,指示灯灭,机床冷却液关闭("自动"工作方式下,也能手动进行冷却液的开、停) |
| •刀位<br>选择 | "手动"工作方式下,选择工作位上的刀具,此时并不立即换刀 |
| •刀位<br>转换 | "手动"工作方式下,按下该键,刀位转换所选刀具,换到工作位上 |
| •主轴<br>点动 | "手动"工作方式下,按下该键,主轴点动 |
| •卡盘<br>松 / 紧 | "手动"工作方式下,按一次此按键,卡盘将松开或夹紧;再按一次此按键,卡盘将夹紧或松开。主轴正在旋转的过程中该键无效 |
| •内卡 /<br>外卡 | 指的是卡紧的方式,撑里孔形式为内卡,抱外圆形式为外卡 |
| •主轴<br>正转 | 在 MDI 方式已经初始化主轴转速的情况下,按下此按键,主轴将按给定的速度正转。"手动"工作方式下该键有效,但正在反转的过程中,该键无效 |

续表

| 按键 | 功　　能 |
|---|---|
| **主轴停止**（红色按钮） | 按下此按键，主轴停止旋转。"手动"工作方式下该键有效，但机床正在做进给运动时，该键无效 |
| **主轴反转** | 在"MDI"方式已经初始化主轴转速的情况下，按下此按键，主轴将按给定的速度反转。"手动"工作方式下该键有效，但正在正转的过程中，该键无效 |
| **主轴修调** - 100% + | 主轴倍率修调按键：在主轴转动时，按下 **-** 按键，主轴转速降低；按下 **+** 按键，主轴转速增加；当 **100%** 指示灯亮时，转速为程序设定的转速 |
| **快速修调** - 100% + | 快速修调按键：修调刀架快速进给的速度。其按键的作用同上 |
| **进给修调** - 100% + | 进给修调按键：修调进给速度的倍率。其按键的作用同上 |
| -X +C / -Z 快进 +Z / -C +X | 坐标轴移动手动控制键："手动"或"增量"工作方式下有效，选择进给坐标轴和进给方向；移动速度由系统"最高快移速度"和"进给修调"按键控制；同时按下方向轴和"快进"按键时，其移动速度由系统"最高快移速度"和"快速修调"按键控制 |
| **循环启动**（绿色按钮） | "自动"、"单段"工作方式下有效，用于程序的启动。在按下该键后，机床可进行自动加工、模拟加工或在 MDI 模式下运行指令。注意自动加工前应对刀正确 |
| **进给保持**（红色按钮） | "自动"加工过程中，按下此按键，自动运行中的程序将暂停，机床上刀具相对工件的进给运动停止，但机床的主运动并不停止。再次按下 **进给保持** 键（红色按钮）后，程序恢复运行 |

**3. MDI 键盘**

MDI 键盘如图 1-2-3 所示，各键功能见表 1-2-4。

图 1-2-3  MDI 键盘

表 1-2-4  **MDI 键盘各键功能**

| 键 符 | 功 能 | 键 符 | 功 能 |
|---|---|---|---|
| % | 用于符号"%"的输入 | SP | 空格键 |
| Esc | 退出当前窗口 | BS | 回退键 |
| Tab | 选择切换键 | Alt | Alt 功能键 |
| ▲ | 光标上移键 | Del | 删除键 |
| ▼ | 光标下移键 | Upper | 上档键 |
| ◄ | 光标左移键 | Enter | 确认键（回车键） |
| ► | 光标右移键 | PgDn | 向后翻页 |
| PgUp | 向前翻页 | | |

（二）数控车床安全操作规程

为了合理地使用数控车床，保证机床正常运转，必须制定比较完善的数控车床操作规程，通常包括以下内容：

1. 上机床前的准备

（1）上机床操作时必须穿工作服，女生戴安全帽，头发扎入帽内。衣服穿着紧凑合体，不得有外露的飘逸附件等；不得穿拖鞋，不得戴手套、围巾及戴首饰、挂件等。

（2）在车间内机床设备周围走动时，应观天、观地、观四周，轻步缓行，不允许急行、打闹嬉戏；未经允许，不得动车间内任何开关按键。

（3）能熟练在计算机上进行软件仿真操作。

（4）检查将要操纵的数控机床设备，观察电器电路及各种开关、按键、急停按钮等是否完好无损；检查润滑油位是否在正常范围内，否则应添加润滑油。

（5）检查刀具、量具、扳手等工具是否完好，游标卡尺对零；毛坯形状、尺寸是否合适；所有工、量具等应放在指定的地方（工具车、工作台、工作桌等），分类并摆放整齐。

（6）零件图纸是否齐备，仔细读懂零件图纸，搞清零件的结构及技术要求。

（7）检查各坐标轴是否回参考点，限位开关是否可靠；若某轴在回参考点前已在参考点位置，应先将该轴沿负方向移动一段距离。

2. 机床操作过程中的注意事项

（1）实操机床时只能一人操作，分组实训时，其余人只允许在旁边观看。严禁多人同时操作同一台数控机床，几个人一起控制机床按键。

（2）接通电器盒总电源，接通数控机床电源，启动数控系统电源，打开急停开关（需要用手动润滑的数控机床，先用手"拉"或"压"润滑把手，使机床润滑）。

机床回零点，然后沿各坐标轴移动一小段距离，机床空运行 5min 以上，使机床达到热平衡状态。

（3）装夹工件时应定位可靠，加紧牢固。检查所用螺钉、压板是否妨碍刀具运动，以及零件毛坯尺寸是否有误。

（4）数控刀具选择正确，夹紧牢固。

（5）检查工作台及运动部件上是否放有工具、毛坯等杂物。按规范要求对刀，需换刀时，刀具应退到安全位置换刀，对完刀后，刀具应退到安全位置。

（6）输入加工程序，校验程序，调整修改程序。

（7）报告指导教师检查，经指导教师检查同意后方可运行机床。

（8）关闭机床舱门，启动"自动循环"按钮，机床自动运行加工零件。

①首件加工应采用单段程序切削，并随时注意调节进给倍率控制进给速度。

②启动"自动循环"按钮时，操作者首先应关注急停按钮位置。

③机床刚开始运行时，操作者应认真观察刀具移动位置、移动速度、进给速度、主轴转速、切屑形状、声音、冷却润滑等，根据具体情况进行调整。

④加工过程中，操作者面对加工零件站立，集中精力观察机床运行。

⑤不允许擅自离开操作岗位或坐在机床旁边，不允许与其他人交谈、吃东西、喝水或做其他与加工无关的事情。

⑥机床在运行过程中不允许打开舱门清理切屑和触碰任何运动件。

⑦试切削和加工过程中，刃磨刀具、更换刀具后，一定要重新对刀。

⑧碰到任何紧急情况，马上按红色的急停按钮，停止机床运行。

⑨加工结束，数控机床自动停止运行后方可打开舱门。

3. 机床运行结束后的收尾工作

（1）将刀具移动到安全、合适位置，以方便装、卸工件。

（2）按"机床锁定"按钮，锁定机床，以防止误操作。

（3）卸下加工零件，机床稍作清理，所用工具放归原位（以便下一位学生操作实训），向指导老师报告作业完毕。

（4）当班实习结束后，及时清理机床上的切屑和杂物等，放在指定地方，并做好数控机床的保养、维护工作。

（5）停机时，应将各坐标轴停在正向极限位置。

（6）先关闭急停按钮，再顺序关闭系统电源、关闭机床电源，最后关闭电器盒总电源。

（三）数控车床日常维护及保养

1. 数控车床日常维护及保养

（1）保持良好的润滑状态，定期检查、清洗自动润滑系统，增加或更换润滑脂、油液，使丝杠、导轨等各运动部位始终保持良好的润滑状态，以降低机械磨损。

（2）进行机械精度的检查调整，以减小各运动部件的形位误差。

（3）经常清扫。周围环境对数控机床影响较大，如粉尘会被电路板上的静电吸引，而产生短路现象；油、气、水过滤器、过滤网太脏，会发生压力不够、流量不够、散热不好，造成机、电、液部分的故障等。

数控车床日常维护及保养内容见表1-2-5。

表1-2-5　　　　　　　　　　数控车床日常维护及保养内容

| 序号 | 检查周期 | 检查部位 | 检查要求 |
|------|----------|----------|----------|
| 1 | 每天 | 导轨润滑油箱 | 检查油标、油量，检查润滑泵能否定时起动供油及停止 |
| 2 | 每天 | $X$、$Z$ 轴向导轨面 | 清除切屑及脏物，检查导轨面有无划伤 |
| 3 | 每天 | 压缩空气气源压力 | 检查气动控制系 |
| 4 | 每天 | 主轴润滑恒温油箱 | 工作正常，油量充足并能调节温度范围 |
| 5 | 每天 | 机床液压系统 | 油箱、液压泵无异常噪声，压力指示正常，管路及各接头无泄漏 |
| 6 | 每天 | 各种电气柜散热通风装置 | 各电气柜冷却风扇工作正常，风道过滤网无堵塞 |

续表

| 序号 | 检查周期 | 检查部位 | 检查要求 |
|---|---|---|---|
| 7 | 每天 | 各种防护装置 | 导轨、机床防护罩等无松动、无漏水 |
| 8 | 每半年 | 滚珠丝杠 | 清洗丝杠上旧润滑脂，涂上新润滑脂 |
| 9 | 不定期 | 切削液箱 | 检查液面高度，经常清洗过滤器等 |
| 10 | 不定期 | 排屑器 | 经常清理切屑 |
| 11 | 不定期 | 清理废油池 | 及时清除废油池中的废油，以免外溢 |
| 12 | 不定期 | 调整主轴传动带松紧程度 | 按机床说明书调整 |
| 13 | 不定期 | 检查各轴导轨上镶条 | 按机床说明书调整 |

**2. 数控系统日常维护及保养**

数控系统使用一定时间以后，某些元器件或机械部件会老化、损坏。为延长元器件的寿命和零部件的磨损周期应在以下几方面注意维护：

（1）尽量少开数控柜和强电柜门。车间空气中一般都含有油雾、潮气和灰尘，它们一旦落在数控装置内的电路板或电子元器件上，容易引起元器件间绝缘电阻下降，并导致元器件的损坏。

（2）定时清理数控装置的散热通风系统。散热通风口过滤网上灰尘积聚过多，会引起数控装置内温度过高（一般不允许超过 $55\sim60℃$），致使数控系统工作不稳定，甚至发生过热报警。

（3）经常监视数控装置电网电压。数控装置允许电网电压在额定值的 $\pm10\%$ 范围内波动。如果超过此范围，就会造成数控系统不能正常工作，甚至引起数控系统内某些元器件损坏。为此，需要经常监测数控装置的电网电压。电网电压波动较大时，应加装电源稳压器。

**3. 数控机床长期不用时的维护与保养**

数控机床长期不用时，也应定期进行维护保养，至少每周通电空运行一次，每次不少于 1h，特别是在环境温度较高的雨季更应如此，利用电子元器件本身的发热来驱散数控装置内的潮气，以保证电子部件性能的稳定可靠。

如果数控机床闲置半年以上不用，应将直流伺服电动机的电刷取出来，以免化学腐蚀作用使换向器表面腐蚀，换向性能变坏，甚至损坏整台电动机。

机床长期不用还会出现后备电池失效，使机床初始参数丢失或部分参数改变，因此应注意及时更换后备电池。

**四、任务实施**

（1）认真观察数控系统操作面板（图1-2-4），在表1-2-6中填写下图中各区域的名称及功能。

图 1-2-4  华中数控装置控制面板

表 1-2-6

| 序号 | 名 称 | 功 能 |
|---|---|---|
| ① | | |
| ② | | |
| ③ | | |
| ④ | | |
| ⑤ | | |

（2）认真观察数控车床的机床控制面板（图 1-2-5），在表 1-2-7 中填写图中各区域的名称及功能。

图 1-2-5

表 1-2-7

| 序号 | 名　称 | 功　能 |
|------|--------|--------|
| ① | | |
| ② | | |
| ③ | | |
| ④ | | |
| ⑤ | | |
| ⑥ | | |
| | | |

（3）在表 1-2-8 中填写数控车床的机床控制面板中各按键的功能。

表 1-2-8

| 按　键 | 功　能 |
|--------|--------|
| 自动 | |
| 单段 | |
| 手动 | |
| 增量 | |
| 回参考点 | |
| 空运行 | |
| ×1　×10　×100　×1000 | |
| 超程解除 | |

| 按　键 | 功　能 |
|---|---|
| 机床锁住 | |
| 主轴正转 | |
| 主轴停止 | |
| 主轴反转 | |
| 主轴修调　−　100%　+ | |
| 快速修调　−　100%　+ | |
| 进给修调　−　100%　+ | |
| −X　+C　−Z　快进　+Z　−C　+X | |
| 循环启动 | |
| 进给保持 | |

（4）完成《数控应用技术专业安全试卷》。

**五、任务总结评价**

**（一）自我评估**

针对能力目标，对自己在任务实施过程中的表现给出分数（满分100分）以及A优秀、B良好、C合格、D不合格等级予以客观评价。

| 知识与能力 | | | |
|---|---|---|---|
| 问题与建议 | | | |

| 自我打分：　　　分 | 评价等级：　　　级 |
|---|---|

**（二）小组评价**

小组同学对该同学在任务实施过程中的表现给出分数（单项 0～20 分）及等级予以客观、合理评价：

| 独立工作能力 | 学习创新能力 | 小组发挥作用 | 任务完成 | 其　他 |
|---|---|---|---|---|
| 分 | 分 | 分 | 分 | 分 |
| 五项总计得分：　　　分 | | | 评价等级：　　　级 | |

**（三）教师评价**

指导教师根据学生在学习及任务实施过程中的工作态度、综合能力、任务完成情况予以评价。

|  |
|---|
| 　　得分：　　　分，评价等级：　　　级 |

# 任务 1-3　数控车床手动操作与试切削

**一、任务要求**

（1）了解常用数控车刀的种类和用途；

（2）了解三爪自定心卡盘、液压卡盘、刀架、顶尖等工艺装备知识；

（3）掌握数控车床机床坐标系知识。

## 二、能力目标

（1）掌握数控车床手动操作；

（2）会装拆工件及数控车刀；

（3）掌握数控车床试切削加工方法。

## 三、知识准备

### （一）常用数控车刀的种类和用途

数控车削加工对刀具的要求较普通机床高，不仅要求其刚性好、切削性能好、耐用度高，而且要求安装调整方便。根据刀头与刀体的连接方式，车刀可分为整体式、焊接式及机夹式三大类。整体式车刀的刀头和刀柄用同样的材料制成，通常为高速钢，其刀柄较长，如图1-3-1所示；焊接式车刀的切削部分（刀片）是由硬质合金制成的，刀柄是用中碳钢制成的，刀片和刀柄焊接成一个整体，如图1-3-2所示；机夹式车刀是将硬质合金刀片用机械夹固方法装夹在标准化刀体上，它可分为机夹重磨式车刀（图1-3-3）和机夹转位式车刀（图1-3-4）。机夹重磨式车刀采用重磨式单刃硬质合金刀片，机夹转位式车刀采用多边形多刃硬质合金刀片。当一个刀刃磨钝后，只需将夹紧机构松开，把刀片转过一定角度换成另一个新的切削刃，便可继续切削。数控车床车刀多为焊接式和机夹式，目前广泛使用的是机夹式车刀（图1-3-5）。

图1-3-1　整体式车刀　　　图1-3-2　焊接式车刀　　　图1-3-3　机夹式车刀

图1-3-4　可转位式车刀　　　图1-3-5　常用机夹式车刀

常见机夹可转位车刀刀片形状如图 1-3-6 所示。

图 1-3-6  常用硬质合金车刀刀片

### (二)数控车床装夹工件、刀具设备

#### 1. 装夹工件设备

切削加工时,必须将工件放在机床夹具中定位和夹紧,使它在整个切削过程中始终保持正确的位置。工件装夹的质量和速度直接影响加工质量和劳动生产率。

普通数控车床常采用三爪自定心卡盘(图 1-3-7)、四爪单动卡盘(图 1-3-8)装夹工件。此种装夹需校正工件,所需时间长、效率低。高档数控车床采用液压卡盘(图 1-3-9)装夹工件,效率高,但机床成本高。

顶尖:有固定顶尖和活动顶尖两种(图 1-3-10)。固定顶尖可对端面复杂的零件和不允许打中心孔的零件进行支承。顶尖主要由顶针、夹紧装置、壳体、固定销、轴承和芯轴组成。顶尖的一端可顶中心孔或管料的内孔,另一端可顶端面是球形或锥形的零件,顶尖由夹紧装置固定。可实现一夹一顶定位方式和两顶尖定位方式。

图 1-3-7          图 1-3-8          图 1-3-9

图 1-3-10

2. 装夹刀具设备

车刀装夹在刀架上，数控车床上常用 4 工位电动刀架（图 1-3-11）和 6、8 工位回转刀架。图 1-3-12 所示为 6 工位回转刀架。

图 1-3-11    4 工位电动刀架

图 1-3-12    6 工位回转刀架

（三）数控车床机床坐标系

数控机床，为确定机床各部件运动的方向和相互之间的距离，必须要有一个坐标系。这种机床固有的坐标系称为机床坐标系，该坐标系的建立必须依据一定的原则。

1. 机床坐标系的确定原则

（1）假定刀具相对于静止的工件而运动的原则。这个原则规定，不论是刀具运动还是工件运动，均以刀具的运动为准，工件看成静止不动。这样，可按零件轮廓直接确定数控车床刀具的加工运动轨迹。

（2）采用右手（笛卡儿）直角坐标系原则。如图 1-3-13 所示，张开食指、中指与拇指，且相互垂直，中指指向+$Z$ 方向，拇指指向+$X$ 方向，食指指向+$Y$ 方向。规定坐标轴的正方向为增大工件与刀具之间距离的方向。旋转坐标轴 $A$、$B$、$C$ 的正方向根据右手螺旋法则确定。

图 1-3-13    右手（笛卡儿）直角坐标系

（3）机床坐标轴的确定方法。数控机床一般先确定 $Z$ 轴，然后再确定 $X$、$Y$ 轴。$Z$ 轴由传递切削动力的主轴所规定，对于数控车床，$Z$ 轴是带动工件旋转的主轴；$X$ 轴处于水平方向，垂直于 $Z$ 轴且平行于工件的装夹平面；最后根据右手笛卡儿直角坐标系原则确定 $Y$ 轴的方向（数控车床不用 $Y$ 轴）。

**2. 卧式数控车床机床坐标系**

卧式数控车床的机床坐标系有个坐标轴，分别是 $Z$ 轴和 $X$ 轴。数控车床是以其主轴轴线方向为 $Z$ 轴方向，刀具远离工件的方向为 $Z$ 轴正方向（向右为 $Z$ 轴正方向）；$X$ 轴方向是在工件的径向上，且平行于横向拖板，其正方向位置根据刀架为前置刀架还是后置刀架情况而定。

前置刀架：刀架与操作者在同一侧，经济型数控车床和水平导轨的普通数控车床常采用前置刀架，$X$ 轴正方向指向操作者，如图 1-3-14 所示。

后置刀架：刀架与操作者不在同一侧，倾斜导轨的全功能型数控车床和车削中心常采用后置刀架，$X$ 轴正方向背向操作者，如图 1-3-15 所示。

图 1-3-14　前置刀架数控车床坐标系

图 1-3-15　后置刀架数控车床坐标系

**3. 机床原点、机床参考点**

（1）机床原点即数控机床坐标系的原点，又称机床零点，是数控机床上设置的一个固定点。它在机床装配、调试时就已设置好，一般情况下不允许用户进行更改。

数控车床的机床原点又是数控车床进行加工运动的基准参考点，通常设置在卡盘端面与主轴轴线的交点处。

（2）机床参考点。该点在机床出厂时已调好，并将数据输入到数控系统中。对于大多数数控机床，开机时，必须首先进行刀架返回机床参考点操作，以确认机床参考点。回参考点的目的就是为了建立数控机床坐标系，并确定机床原点。只有机床回参考点以后，机床坐标系才建立起来，刀具移动才有了依据；否则不仅加工无基准，而且还会发生碰撞等事故。数控车床参考点位置通常设置在机床坐标系中 $+X$、$+Z$ 极限位置处。

（3）机床参考点可以与机床零点重合，也可以不重合。有些数控车床坐标系不是设置在卡盘端面与主轴轴线的交点处，而是设置在 $+X$、$+Z$ 的极限位置，如图 1-3-16 所示。

**四、任务实施**

（一）实施设施准备

数控车床 13 台，设备型号：凯达 CK6136S 数控车床。

工、量、刃具，见表 1-3-1。

图 1-3-16　前置刀架机床坐标系原点处于极限位置情况

表 1-3-1　　　　　　　　　　　　　　　**工、量、刃具清单**

| 工、量、刃具清单 | | | | 精度 | 单位 | 数量 |
|---|---|---|---|---|---|---|
| 种类 | 序号 | 名称 | 规格 | | | |
| 工具 | 1 | 卡盘扳手 | | | 个 | 1 |
| | 2 | 刀架扳手 | | | 把 | 1 |
| | 3 | 垫刀片 | | | 副 | 1 |
| | 4 | 加力杆 | | | 个 | 1 |
| | 5 | 划线盒 | | | 副 | 1 |
| 量具 | 6 | 游标卡尺 | 0～150mm | 0.02 mm | 把 | 1 |
| 刃具 | 7 | 外圆车刀 | 95° | | 把 | 1 |

**(二) 数控车床手动操作训练**

按照表 1-3-2 中数控车床手动操作要点执行相应操作，并认真观察数控车床运行情况。

表 1-3-2　　　　　　　　　　　　　　**数控车床手动操作要点**

| 操作步骤 | 操作要点 |
|---|---|
| 开机 | ①(按下操作台右上角"急停"按钮)<br>②机床上电（将机床侧边电源开关旋转至"ON"）<br>③数控系统上电（将控制面板上"POWER"的绿色 ON 按钮按下），等待系统初始化。初始化完毕后系统的初始界面处于"急停"状态<br>④松开"急停"开关（下压并向右旋转后松开），使系统复位，并接通伺服电源。系统默认进入回参考点方式，软件操作界面的工作方式变为"回零" |

| 操作步骤 | 操 作 要 点 |
|---|---|
| 回参考点 | 控制机床运动的前提是建立机床坐标系，为此，系统接通电源、复位后，首先应进行机床各轴回参考点操作，方法如下：<br>① 如果系统显示的当前工作方式不是"回零"方式，按一下控制面板上面的"回零"按键，确保系统处于"回零"方式<br>②按一下"+X"，X 轴回到参考点后，机床坐标系坐标 X 为 0，且"+X"按键内的指示灯亮<br>③ 再按一下"+Z"，Z 轴回到参考点后，机床坐标系坐标 Z 为 0，且"+Z"按键内的指示灯亮<br>所有轴回参考点后，即建立了机床坐标系<br>注意：<br>①同时按下"+X"和"+Z"，可使 X 轴和 Z 轴同时返回参考点，但注意不要先执行完"+Z"后再按"+X"，因为只执行"+Z"当车床上装有尾座时会撞上，要避开尾座<br>②在回参考点过程中，若出现超程，请按住控制面板上的"超程解除"按键，同时向相反方向手动移动该轴使其退出超程状态<br>(回参考点后再进入其他运行方式，以确保各轴坐标的正确性) |
| 主轴转动 | 主轴正转：<br>①在手动方式下<br>②按一下"主轴正转"按键（指示灯亮），主电机以机床参数设定的转速正转<br>③直到按压"主轴停止"或"主轴反转"按键<br><br>主轴反转：<br>①在手动方式下<br>②按一下"主轴反转"按键（指示灯亮），主电机以机床参数设定的转速反转<br>③直到按压"主轴停止"或"主轴正转"按键<br><br>主轴停止：<br>①在手动方式下<br>②按一下"主轴停止"按键（指示灯亮），主电机停止运转<br>注意：<br>"主轴正转"、"主轴反转"、"主轴停止"这几个按键互锁，即按下其中一个（指示灯亮），其余两个会失效（指示灯灭） |

| 操作步骤 | 操作要点 |
|---|---|
| 坐标轴移动 | "手动"工作方式（点动进给，即手动连续进给）：<br>①按一下控制面板上的"手动"按钮（指示灯亮），系统处于点动运行方式，可点动移动机床各坐标轴<br>②先设定进给修调倍率<br>③再按下相应的坐标轴方向键即连续移动，松开即停止<br>④若同时按压 $X$、$Z$ 两个方向键，能同时联动<br>⑤若同时按压"快进"按键，则产生相应轴的快速运动<br>说明：<br>①在点动进给时，进给速率为系统参数"最高快移速度"的 1/3 乘以进给修调选择的快移倍率<br>②点动快速移动的速率为系统参数"最高快移速度"乘以进给修调选择的快移倍率<br>③按压进给修调或快速修调右侧的"100%"按键（指示灯亮），进给或快速修调倍率被置为 100%，按一下"+"按键，修调倍率缺省是递增 10%，按一下"-"按键，修调倍率缺省是递减 10% |
|  | "增量"工作方式：<br>按下"增量"按键时，视手轮的坐标轴选择波段开关位置，对应两种进给方式：<br>A. 波段开关置于"OFF"挡时：增量进给<br>① 按一下相应的坐标轴方向键即移动一个增量值<br>② 同时按一下 $X$、$Z$ 方向键，能同时增量进给 $X$、$Z$ 坐标轴<br><br>说明：<br>①增量进给的增量值由"×1"，"×10"，"×100"，"×1000"4 个增量倍率按键控制。其对应关系如下：<br><br>| 增量倍率按键 | ×1 | ×10 | ×100 | ×1000 |<br>|---|---|---|---|---|<br>| 增量值（mm） | 0.001 | 0.01 | 0.1 | 1 |<br><br>② 这几个按键互锁，即按下其中一个（指示灯亮），其余几个会失效（指示灯灭）<br>B. 波段开关置于"X"或"Z"时：手轮进给<br>① 顺时针或逆时针旋转一格，可控制向波段开关选择的那个轴的正方向或负方向移动一个增量值<br>② 手轮进给方式，每次只能增量进给一个坐标轴 |
| 关机 | ① 按下操作台右上角的"急停"按钮，断开伺服电源<br>② 数控系统断电（将控制面板上"POWER"的红色 OFF 按钮按下）<br>③ 机床断电（将机床侧边电源开关旋转至"OFF"） |

（三）工件装夹、刀具装夹训练

1. 工件装夹训练

取 $\phi$30mm×60mm 尼龙棒，装夹在三爪自定心卡盘上，伸出 40mm 左右，用划线盘校正后用卡盘扳手旋紧三爪自定心卡盘，夹紧工件。

2. 刀具装夹训练

将外圆车刀装在刀架上，用垫刀片垫起，使刀尖与机床主轴等高，刀杆与主轴轴线垂直，刀头伸出 20～30mm，用刀架扳手夹紧。训练中所用工、量、刃具见表1-3-1。

（四）试切削训练

1. 手动切削工件端面

（1）选择手动工作模式，按下"主轴正转"按键，使主轴正转。

（2）按相应坐标轴方向键，将刀具移到靠近工件。

（3）快靠近工件后，改手轮进给（增量，选择合适增量倍率，波段开关置 X 或 Z）。

（4）波段开关置 X，使刀具沿 X 方向退出（退出距离为稍大于工件直径）。

（5）波段开关置 Z，使刀具沿 Z 方向切入一定深度（约1mm）。

（6）波段开关置 X，使刀具车过工件旋转中心线。

（7）刀具退离工件。

（8）主轴停止。

2. 手动切削工件外圆

（1）选择手动工作模式，按下"主轴正转"按键，使主轴正转。

（2）按相应坐标轴方向键，将刀具移到靠近工件。

（3）快靠近工件后，改手轮进给（增量，选择合适增量倍率，波段开关置 X 或 Z）。

（4）波段开关置 Z，使刀具沿 Z 方向退出工件（距工件端面 2～5mm 处）。

（5）波段开关置 X，使刀具沿 X 方向切入一定深度（约1mm）。

（6）波段开关置 Z，使刀具切削所需长度。

（7）刀具退离工件。

（8）主轴停止。

**五、任务总结评价**

（一）自我评估

针对能力目标，对自己在任务实施过程中的表现给出分数（满分100分）以及 A 优秀、B 良好、C 合格、D 不合格等级予以客观评价。

| 知识与能力 | |
|---|---|
| | |
| | |
| 问题与建议 | |
| | |
| | |

| 自我打分： 分 | 评价等级： 级 |
|---|---|

（二）小组评价

小组同学对该同学在任务实施过程中的表现给出分数（单项 0~20 分）及等级予以客观、合理评价。

| 独立工作能力 | 学习创新能力 | 小组发挥作用 | 任务完成 | 其 他 |
|---|---|---|---|---|
| 分 | 分 | 分 | 分 | 分 |

| 五项总计得分： 分 | 评价等级： 级 |
|---|---|

（三）教师评价

指导教师根据学生在学习及任务实施过程中的工作态度、综合能力、任务完成情况予以评价。

| |
|---|
| 得分： 分，评价等级： 级 |

# 任务 1-4 数控车床程序输入与编辑

## 一、任务要求

（1）掌握数控车床程序结构与组成；

（2）掌握数控车床程序命名规则；

（3）了解数控车床程序段、指令字含义。

## 二、能力目标

（1）掌握数控程序的输入及保存方法；

（2）会打开现有数控程序并进行编辑处理；

（3）会将数控程序另存为其他文件名。

## 三、知识准备

（一）程序的文件名

CNC 装置可以装入许多程序文件，以磁盘文件的方式读写，并通过调用文件名的方式来调用程序，进行编辑或加工。数控程序文件名的格式为：

O××××（地址 O 后接四位数字或字母）

（二）程序的结构

一个完整的数控程序由遵循一定结构、句法和格式规则的若干程序段组成，分为程序号、程序内容和程序结束三部分，如图 1-4-1 所示。

图 1-4-1　程序的结构

（1）程序号，即程序名，位于程序开头，用于加工过程中程序的调用。程序号一般由符号"%"（或字母"O"）后加 4 位数字组成，如%1234、%1207、O3689 等。

（2）程序内容，包含若干个程序段，记录了一个完整的加工过程，是程序运行的核心内容。

（3）程序结束。每一个数控加工程序都要有程序结束指令，大部分数控系统都用 M02 或 M30 指令结束程序。编程时，一般独立写成一个程序段，置于程序末尾。

（三）程序段的格式

程序段由若干的指令字构成。每一程序段规定数控机床执行某种动作，前一程序段规定的动作完成后，才开始执行下一程序段的内容。程序段的格式定义了每个程序段中指令字的句法，如图1-4-2所示。

图1-4-2　程序段格式

程序段格式说明：

（1）程序段号：程序段号（或顺序号）中数字的大小并不表示加工或控制的顺序，只作为程序段的识别标记。其主要作用是程序编辑时的程序段检索或宏程序中的无条件转移。在编程时，程序段号的数字的大小可以不连续，也可以颠倒，有时甚至可以部分或全部省略。习惯上，为了便于程序检索，又便于插入新的程序段，手工编程员常间隔5或10编制顺序号。

例如：N10…

　　　N20…

　　　N30…

（2）程序段结束：程序输入时，在数控系统MDI键盘上"Enter"键用于程序段结束，程序中无程序段结束符号显示。

（3）注释符：程序中圆括号"（ ）"内或分号";"后的内容为说明文字。

（四）指令字的格式

一个指令字是由地址符（指令字符）和带符号（如定义尺寸的字）或不带符号（如准备功能字G代码）的数字数据组成的。程序段中不同的指令字符及其后续数值确定了每个指令字的含义。在数控程序段中包含的主要指令字符见表1-4-1。

表1-4-1　　　　　　　　　　　　　　指令字符一览表

| 功　能 | 地　址　符 | 意　　义 |
|---|---|---|
| 零件程序号 | % | 程序编号：%1～4294967295 |
| 程序段号 | N | 程序段编号：N0～4294967295 |
| 准备机能 | G | 指令动作方式（直线、圆弧等）G00～G99 |

续表

| 功　能 | 地　址　符 | 意　义 |
|---|---|---|
| 尺寸字 | X，Y，Z<br>A，B，C<br>U，V，W | 坐标轴的移动命令 ±99999.999 |
| | R | 圆弧的半径，固定循环的参数 |
| | I，J，K | 圆心相对于起点的坐标，固定循环的参数 |
| 进给速度 | F | 进给速度的指定　　　　　F0～24000 |
| 主轴机能 | S | 主轴旋转速度的指定　　　S0～9999 |
| 刀具机能 | T | 刀具编号的指定　　　　　T0～99 |
| 辅助机能 | M | 机床侧开/关控制的指定　M0～99 |
| 补偿号 | D | 刀具半径补偿号的指定　　00～99 |
| 暂停 | P，X | 暂停时间的指定　　　　　秒 |
| 程序号的指定 | P | 子程序号的指定　　P1～4294967295 |
| 重复次数 | L | 子程序的重复次数，固定循环的重复次数 |
| 参数 | P，Q，R，U，W，I，K，C，A | 车削复合循环参数 |
| 倒角控制 | C，R | |

## 四、任务实施

（一）数控程序的输入

新建一个文件名为 O0001 的程序，完成表 1-4-2 中程序的输入并保存。

表 1-4-2　　　　　　　　　文件名为 O0001 的程序

| 文件名 | O0001 |
|---|---|
| 第 0 行 | %0505 |
| 第 1 行 | N10 T0101 |
| 第 2 行 | N20 M03 S700 |
| 第 3 行 | N30 G00 X100 Z80 |
| 第 4 行 | N40 X40 Z2 |
| 第 5 行 | N50 G01 Z-30 F100 |
| 第 6 行 | N60 G00 X100 |
| 第 7 行 | N70 Z80 |
| 第 8 行 | N80 M30 |

操作步骤：

（1）开机。见任务 1-3 中表 1-3-2。

（2）建立一个新文件。在主菜单状态下，按下功能软键 F1（程序）→F2（编辑程序），系统切换到"输入新文件名"界面。

（3）输入新文件名。在 MDI 键盘上完成"O0001"文件名的输入，用"Enter"键确认。

（4）逐行输入各程序段。用 MDI 键盘逐行输入各程序段，每行程序段结束用"Enter"键确认。

（5）保存程序。按功能软键 F4（保存程序）→"Enter"，程序保存完毕。

（二）数控程序的编辑

打开已保存的 O0001 文件，对其中内容进行重新编辑，编辑完毕后将文件另存为 O0002。

操作步骤：

（1）开机。见任务 1-3 中表 1-3-2。

（2）打开 O0001 文件。在主菜单状态下，按功能软键 F1（程序）→F1（选择程序），系统进入程序选择界面，用 MDI 键盘中的 ▲ 或 ▼ 键上下移动选择行，选择文件名为"O0001"的文件行，按"Enter"键确认，打开 O0001 文件。

（3）重新编辑需要修改处。用 MDI 键盘中的 ▲ 、 ▼ 、 ◀ 、 ▶ 键，将光标移至需要修改处，用 MDI 键盘重新编辑。

（4）另存为文件 O0002。按功能软键 F4（保存程序）→输入"O0002"→"Enter"，程序另存成功。

## 五、任务总结评价

（一）自我评估

针对能力目标，对自己在任务实施过程中的表现给出分数（满分 100 分）以及 A 优秀、B 良好、C 合格、D 不合格等级予以客观评价。

| 知识与能力 | |
|---|---|
| 问题与建议 | |
| 自我打分：　　分 | 评价等级：　　级 |

（二）小组评价

小组同学对该同学在任务实施过程中的表现给出分数（单项 0～20 分）及等级予以

客观、合理评价。

| 独立工作能力 | 学习创新能力 | 小组发挥作用 | 任务完成 | 其　他 |
|---|---|---|---|---|
| 分 | 分 | 分 | 分 | 分 |
| 五项总计得分：　　分 | | | 评价等级：　　级 | |

（三）教师评价

指导教师根据学生在学习及任务实施过程中的工作态度、综合能力、任务完成情况予以评价。

得分：　　分，评价等级：　　级

# 任务 1-5　数控车床 MDI 操作及对刀

## 一、任务要求

（1）掌握工件坐标系及建立方法；
（2）掌握可设定的零点偏置指令；
（3）掌握上海宇龙数控仿真软件操作；
（4）掌握尺寸功能等指令。

## 二、能力目标

（1）掌握 MDI 操作方法；
（2）掌握数控车床对刀方法及验证方法；
（3）会使用上海宇龙数控仿真软件进行仿真练习。

## 三、知识准备

（一）工件坐标系
1. 工件坐标系的概念
工件坐标系又称编程坐标系，是编程人员为方便编写数控程序而建立的坐标系，一般建立在工件上或零件图样上。
2. 工件坐标系的建立原则

　　工件坐标系建立有一定的准则，否则无法编写数控加工程序或编写的数控程序无法加工零件。具体有以下几方面：

　　（1）工件坐标系方向的设定。工件坐标系的方向必须与所采用的数控机床坐标系方向一致，卧式数控车床上加工工件，工件坐标系 Z 轴正方向向右，X 轴正方向向上或向下（后置刀架向上，前置刀架向下），与卧式车床机床坐标系方向一致，如图 1-5-1 所示。

　　（2）工件坐标系原点位置的设定。工件坐标系的原点又称为工件原（零）点或编程原（零）点。设定依据是：既要符合尺寸的标注习惯，又要便于编程。因此编程时，一般先找出图样上的设计基准点，并通常以该点作为工件原点。理论上，编程原点的位置可以任意设定，但是一般选择在轴线与工件右端面、左端面或卡爪的前端面的交点上。如图1-5-1 所示，以工件右端面与轴线的交点作为工件原点。

图 1-5-1　数控车床机床坐标系与工件坐标系位置关系

（二）程序指令介绍

1. 可设定的零点偏置指令

　　（1）指令代码。可设定的零点偏置指令有 G54、G55、G56、G57、G58、G59 等。

　　（2）指令功能。可设定的零点偏置指令是以机床原点为基准的偏移，偏移后，使刀具运行在工件坐标系中。通过对刀操作，将工件原点在机床坐标系中的位置（偏移量）输入到数控系统相应的存储器（G54、G55 等）中，运行程序时，调用 G54、G55 等指令实现刀具在工件坐标系中运行，如图 1-5-2 所示。

　　（3）指令应用。如图 1-5-2 所示，刀具由 1 点移动至 2 点，相应程序为：

　　N10　　G00 X60 Z110;　　刀具运行到机床坐标系中坐标为（110，60）位置

　　N20　　G54;　　　　　　　调用 G54 零点偏置指令

图 1-5-2　机床坐标系零点偏置情况

N30　G00 X36 Z20;　　刀具运行到工件坐标系中（20，36）位置

（4）指令使用说明：

①6 个可设定的零点偏置指令均为模态有效指令，一旦使用，一直有效。

②6 个可设定的零点偏置功能一样，使用时可任意使用其中之一。

③执行零点偏置指令后，机床不作移动，只是在执行程序时把工件原点在机床坐标系中位置量带入数控系统内部计算。

2. 尺寸指令

地址：X、Z（此外还有 A、C，I、K 等）。

功能：表示机床上刀具运动到达的坐标位置或转角。

例如，G00 X60 Z110;表示刀具运动终点的坐标为（110，60）。

尺寸单位有米制、英制之分：米制用 mm（毫米）表示，英制用 in（英寸）表示。

（三）上海宇龙数控仿真软件使用简介

1. 机床回零

操作步骤：

点击右下角红色"紧急停止"按钮，急停按钮弹起 →点击"回零"按钮 → 点击"+X"按钮 → 点击"+Z"按钮；机床回到零点。如图 1-5-3 所示。

CRT 显示 X：0.000，Z：0.000，同时+X 轴、+Z 轴灯亮，表示机床已回零。

2. 安装毛坯（图 1-5-4）

1）将刀架移动到三爪卡盘附近

将车床调整俯成视状态：点击"⬚"俯视图快捷键；

点击"手动"按钮 → 点击"快进"按钮→ 按住"–Z"按钮；刀架移动到 Z 向合适位置→ 松开"–Z"按钮；

图 1-5-3　X、Z 轴显示为回零状态

图 1-5-4　上海宇龙数控仿真软件工具栏

按住"–X"按钮；刀架移动到 X 向合适位置→ 松开"–X"按钮；

点击"快进"按钮，将快进功能关闭。

注意，刀架所在位置不要影响到工件和刀具的安装。

点击"🔍 🔍"局部放大或动态放大快捷键，将视图放大到合适尺寸。

2）定义毛坯和安装毛坯

定义毛坯：点击菜单栏"零件"→ 点击"定义毛坯"→在"定义毛坯"对话框中设置毛坯的材料、直径和长度→点击"确定"按钮。

安装毛坯：点击菜单栏"零件"→ 点击"放置毛坯"→在"选择零件"对话框中选择已定义过的毛坯→点击". 安装零件"按钮；毛坯会自动安装在车床三爪卡盘上。

关闭"移动零件"对话框；点击"退出"按钮。

3. 选择和安装刀具

点击菜单栏"机床"→ 点击"选择刀具"→弹出"车刀选择"对话框（图 1-5-5）。点击"1"号刀位；加工方式选择"外圆加工"。

图 1-5-5　"车刀选择"对话框

选择刀片：点击"D"型 55°角或"V"型 35°角刀片。

选择刀柄：点击"93°"或"107°30′"偏角车刀 → 点击"确认退出"按钮。

点击""动态平移快捷键，将视图移动到合适位置。

4. 手动对刀（试切法）

（1）车端面。将刀尖移到距外圆表面 5 ~6mm 并过端面 0.5 ~2mm 处，刀尖不能碰到工件。

点击"主轴正转"按钮 →按住"−X"按钮，手动切削端面，车过工件毛坯中心将右端面切平；→松开"−X"按钮→ 按住"+X"按钮，将刀具沿+X 方向退出工件外圆，Z轴不要移动→ 点击"主轴停止"按钮，使主轴停转，如图 1-5-6 所示。

图 1-5-6　车端面

点击"F4（MDI）"按钮→点击"F2（刀偏表）"按钮。如图 1-5-7 所示。

光标调到"刀偏号#0001"行"试切长度"处→点击"回车"键，输入"0.000"值。如图 1-5-8 所示。

点击"回车"键确认，此时刀尖所在位置（工件右端面处）被设置为工件坐标系下

图 1-5-7　主菜单

| 刀偏表: | | | | | | |
|---|---|---|---|---|---|---|
| 刀偏号 | X偏置 | Z偏置 | X磨损 | Z磨损 | 试切直径 | 试切长度 |
| #0001 | 0.000 | 0.000 | 0.000 | 0.000 | 0.000 | 0.00 |
| #0002 | 0.000 | 0.000 | 0.000 | 0.000 | 0.000 | 0.000 |
| #0003 | 0.000 | 0.000 | 0.000 | 0.000 | 0.000 | 0.000 |
| #0004 | 0.000 | 0.000 | 0.000 | 0.000 | 0.000 | 0.000 |

图 1-5-8　刀偏表

$Z$ 轴零点。

（2）车外圆小台阶。将刀具沿$+Z$向移动到超过端面 2～5mm 处，并沿$-X$向进到工件外圆表面内 1～5mm。如图 1-5-9 所示。

图 1-5-9　车外圆小台阶

点击"主轴正转"按钮→按住"$-Z$"按钮，手动切削外圆小台阶长 5～10mm，见白可测量即可。

按住"$+Z$"按钮（退刀），退出端面外→点击"快进"按钮→按住"$+Z$"按钮（快速退刀），将刀具退至安全位置，$X$轴不要移动。

点击"停主轴"→点击"主轴停止"按钮，使主轴停转。

点击菜单栏"测量"→点击"剖面图测量"，弹出"车床工件测量"对话框。

点击对话框中的零件被切部位，弹出被测部位的测量尺寸，如图 1-5-10 所示。

图中为半径值，如：35.750mm，图下面的表中可读出直径值为 71.500mm；记住该值，点击"退出"按钮退出。如图 1-5-11 所示。

光标调到"刀偏号 # 0001"行"试切直径"处→点击"Enter"键，输入"71.500"值。

图 1-5-10　测量已车削表面直径

| 刀偏号 | X偏置 | Z偏置 | X磨损 | Z磨损 | 试切直径 | 试切长度 |
|---|---|---|---|---|---|---|
| #0001 | -389.333 | -789.283 | 0.000 | 0.000 | 71.500 | 0.000 |
| #0002 | 0.000 | 0.000 | 0.000 | 0.000 | 0.000 | 0.000 |
| #0003 | 0.000 | 0.000 | 0.000 | 0.000 | 0.000 | 0.000 |
| #0004 | 0.000 | 0.000 | 0.000 | 0.000 | 0.000 | 0.000 |

图 1-5-11　输入直径值

点击"回车"键确认，即此时刀尖所在位置（工件被切外圆直径处）被设置为工件坐标系下 $X$ 坐标值为 71.5mm 处。

5. 程序编辑

点击"F10"按钮两次，返回到主切能菜单；

点击"F2（程序编辑）"按钮→点击"F2（选择程序编程）"按钮→点击"F1（磁盘编辑）"按钮，弹出"请选择要编辑 G 代码文件"对话框→点击"Enter"按钮。如图 1-5-12 所示。

图 1-5-12　输入文件名

文件名输入：以字母"O"开头后跟四位数字。点击"Enter"按钮，进入编辑状态。如图 1-5-13 所示。

图 1-5-13  显示程序名

编辑好程序后，点击"F4（保存文件）"→点击"F10"，返回到主切能菜单。

6. 自动加工

选择程序 →点击"F1（自动加工）"按钮→点击"F1（程序选择）"按钮→点击"F1（磁盘程序）"按钮，弹出"选择 G 代码程序"对话框 →输入已有的"程序文件名"选择程序→点击"Enter"按钮确定。如图 1-5-14 所示。或者，点击"F2（正在编辑的程序）"按钮，选择正在编辑的程序。

图 1-5-14  选择文件名

程序显示：点击"F9（显示方式）"按钮→点击"F1（显示模式）"按钮→点击"F1（正文）"按钮。

自动加工：点击"自动"按钮→点击绿色"循环启动"按钮，数控车床开始执行程序自动进行加工。

**四、任务实施**

（一）MDI 手动输入操作

（1）选择自动加工方式；

（2）使机床运行于 MDI（手动输入）工作模式（主菜单 F3）；

（3）输入指令段，如 M03 S400，"Enter"键确认；

（4）按下"循环启动"按钮，执行 MDI 程序。

（二）试切法对刀及验证方法

（1）工件装夹。取 φ30mm×80mm 尼龙棒装夹在三爪自定心卡盘中，伸出 50mm，用划线盘校正并夹紧。

（2）刀具装夹。按要求把外圆车刀装入刀架 1 号刀位并夹紧。

（3）对刀操作。对刀是数控加工中的重要操作，通过车刀刀位点的试切削，测出工件坐标系在机床坐标系中的位置。数控车刀刀位点是表示该刀具位置的点，常用车刀刀位点如图 1-5-15 所示。

图 1-5-15　常用车刀刀位点

步骤如下：

①车端面：确定 Z 偏置。

选择手动工作模式，按相应坐标轴方向键将刀具移到靠近工件。

快靠近工件后，改手轮进给（增量，选择合适增量倍率，波段开关置 X 或 Z）。

波段开关置 X，使刀具沿 X 方向退出（退出距离为稍大于工件直径）。

波段开关置 Z，使刀具沿 Z 方向切入一定深度（约 1mm）。

"主轴正转"。

波段开关置 X，使刀具车过工件旋转中心线后，将刀具沿原路反向退离工件（注意：车端面后，输入数值前车刀不要在 Z 方向移动）。

主轴停止。

在系统的主菜单界面下，选择"F4（刀具补偿）"，再选择"F1（刀偏表）"，系统切换到"绝对刀偏表"的编辑界面，如图 1-5-16 所示。

图 1-5-16　刀偏表的编辑界面

将光标调到"刀偏号#0001"行"试切长度"处→输入"0"值→点击"Enter"键确认，注意观察其他项值的变化，此时刀尖所在位置（工件右端面处）被设置为工件坐标系下 Z 轴零点。

② 车外圆：确定 X 偏置。

波段开关置 Z，使刀具沿 Z 方向退出工件（距工件端面 2～5mm 处）。

波段开关置 X，使刀具沿 X 方向切入一定深度（约 1mm）。

"主轴正转"；

波段开关置 Z，手动车削外圆长约 20mm，然后将刀具沿原路反向退离工件（注意：车外圆后，输入数值前车刀不要在 X 方向移动）。

主轴停止。

用游标卡尺测量已车削的外圆直径，例如测得 28.5mm（操作时为实际测量的直径）。

主菜单→F4 刀具补偿→F1 刀偏表，光标调到"刀偏号#0001"行"试切直径"处，输入"28.5"（操作时为实际测量的直径）→点击"Enter"键确认，注意观察其他项值的变化。

按 F10 功能键返回系统主菜单界面，外圆车刀对刀完毕。

如果是 02 号刀具（T02），则只需要把数值输入到#0002 相应的位置，其他刀号的刀具对刀同理。

（4）对刀检验。对刀结束后，在 Z 轴方向和 X 轴方向分别验证对刀是否正确。

在 Z 轴方向验证对刀时：

①选择手动加工方式，使刀具先沿 X 轴正方向移动一段距离（约 X100），再沿 Z 轴正方向移动一段距离（约 Z100），远离工件，到达安全位置。

②选择自动加工方式，使机床运行于 MDI（手动输入）工作模式（主菜单 F3）。

③输入测试程序：G01 Z0 F100，点击"Enter"键确认。

④按下"循环启动"按钮，执行 MDI 程序。

⑤程序运行结束后，观察刀尖是否与工件右端面处于同一平面，若"是"，则对刀正确；若"不是"，则对刀不正确，查找原因，重新对刀。

在 X 轴方向验证对刀时：

① 选择手动加工方式，开打"主轴正转"，使刀具先沿 X 轴正方向移动一段距离（约 X100），再沿 Z 轴正方向移动一段距离（约 Z100），远离工件，到达安全位置。

② 选择自动加工方式，使机床运行于 MDI（手动输入）工作模式（主菜单 F3）。

③ 输入测试程序：G01 X0 F100，点击"Enter"键确认。

④ 按下"循环启动"按钮，执行 MDI 程序。

⑤ 程序运行结束后，观察刀尖是否处于工件轴线上，若"是"，则对刀正确；若"不是"，则对刀不正确，查找原因，重新对刀。

### 五、任务总结评价

（一）自我评估

针对能力目标，对自己在任务实施过程中的表现给出分数（满分 100 分）以及 A 优秀、B 良好、C 合格、D 不合格等级予以客观评价。

| 知识<br>与<br>能力 | |
|---|---|
| | |
| | |
| 问题<br>与<br>建议 | |
| | |
| | |
| 自我打分： 分 | 评价等级： 级 |

（二）小组评价

小组同学对该同学在任务实施过程中的表现给出分数（单项 0 ~ 20 分）及等级予以客观、合理评价。

| 独立工作能力 | 学习创新能力 | 小组发挥作用 | 任务完成 | 其 他 |
|---|---|---|---|---|
| 分 | 分 | 分 | 分 | 分 |
| 五项总计得分： 分 | | | 评价等级： 级 | |

（三）教师评价

指导教师根据学生在学习及任务实施过程中的工作态度、综合能力、任务完成情况予以评价。

得分： 分，评价等级： 级

# 项目2　轴类零件加工

## 任务2-1　阶梯轴零件加工

### 一、任务要求

如图 2-1-1 所示为阶梯轴零件图和三维实体图。要求：
（1）掌握 M、S、F、T、G 等功能指令；
（2）掌握快速定位 G00 指令及应用；
（3）掌握直线插补 G01 指令及应用；
（4）掌握直线倒角 G01 指令及应用。

图 2-1-1　阶梯轴零件图和三维实体图

### 二、能力目标

（1）能够区分绝对值编程和增量值编程；
（2）能够使用 G00、G01 指令编制程序；
（3）能够通过仿真软件校验程序；
（4）能操作数控车床加工出简单阶梯轴零件。

### 三、知识准备

（一）程序指令介绍

1. 辅助功能 M 指令

辅助功能由地址字 M 和其后的一或两位数字组成，主要用于控制零件程序的走向，以及机床各种辅助功能的开关动作。

1）非模态 M 功能和模态 M 功能

非模态 M 功能（当段有效代码）：只在书写了该代码的程序段中有效。

模态 M 功能（续效代码）：一组可相互注销的 M 功能，这些功能在被同一组的另一个功能注销前一直有效。

模态 M 功能组中包含一个缺省功能，系统上电时将被初始化为该功能。

2）前作用 M 功能和后作用 M 功能

前作用 M 功能：在程序段编制的轴运动之前执行。

后作用 M 功能：在程序段编制的轴运动之后执行。

华中数控世纪星 HNC-21T 中 M 代码功能见表 2-1-1（标记▼者为缺省值）。

表 2-1-1　　　　　　　　　　　　M 代码及功能

| 代码 | 模态 | 功能说明 | 代码 | 模态 | 功能说明 |
|---|---|---|---|---|---|
| M00 | 非模态 | 程序停止 | M03 | 模态 | 主轴正转启动 |
| M01 | 非模态 | 程序暂停 | M04 | 模态 | 主轴反转启动 |
| M02 | 非模态 | 程序结束 | M05 | 模态 | ▼主轴停止 |
| M30 | 非模态 | 程序结束并返回程序起点 | M06 | 非模态 | 换刀 |
| | | | M07 | 模态 | 切削液打开 |
| M98 | 非模态 | 调用子程序 | M08 | 模态 | 切削液打开 |
| M99 | 非模态 | 子程序结束 | M09 | 模态 | ▼切削液关 |

M00、M02、M30、M98、M99 用于控制零件程序的走向，是 CNC 内定的辅助功能，不由机床制造商设定决定，也就是说与 PLC 程序无关。

其余 M 代码用于机床各种辅助功能的开关动作，其功能不由 CNC 内定，而是由 PLC 程序指定，有可能因机床制造厂不同而有差异。

3）CNC 内定的辅助功能：

（1）程序暂停 M00。当 CNC 执行到 M00 指令时，将暂停执行当前程序，以方便操作者进行刀具和工件的尺寸测量、工件调头、手动变速等操作。

暂停时，机床的进给停止，而全部现存的模态信息保存不变，欲继续执行后续程序，重按操作面板上的"循环启动"键。

M00 为非模态后作用 M 功能。

（2）程序结束 M02。M02 一般放在主程序的最后一个程序段中。

当 CNC 执行到 M02 指令时，机床的主轴、进给、冷却液全部停止，加工结束。

使用 M02 的程序结束后，若要重新执行该程序，就得重新调用该程序，或在自动加工子菜单下按子菜单 F4 键，然后再按操作面板上的"循环启动"键。

M02 为非模态后作用 M 功能。

（3）程序结束并返回零件程序头（复位）M30。M30 和 M02 功能基本相同，但 M30 指令还兼有控制返回到零件程序头（%）的作用。

使用 M30 的程序结束后，若重新执行该程序，则只需再按操作面板上的"循环启动"键。

4）PLC 设定的辅助功能

（1）主轴控制指令 M03、M04、M05。

M03 启动主轴以程序中编制的主轴速度逆时针（沿 Z 轴正方向朝 Z 轴负向看）方向旋转。

M04 启动主轴，以程序中编制的主轴速度顺时针方向旋转。

M05 使主轴停止旋转。

M03、M04 为模态前作用 M 功能；M05 为模态后作用 M 功能，M05 为缺省功能。

M03、M04、M05 可相互注销。

（2）冷却液打开 M07、M08，停止指令 M09。

M07、M08 指令将打开冷却液管道。

M09 指令将关闭冷却液管道。

M07、M08 为模态前作用 M 功能；

M09 为模态后作用 M 功能，M09 为缺省功能。

## 2. 主轴功能 S

格式：S××××

主轴功能 S 控制主轴转速，其后的数值表示主轴速度，单位为转/每分钟（r/min）。

恒线速度功能时，S 指定切削线速度，其后的数值单位为米/每分钟（m/min）。G96 恒线速度有效，G97 取消恒线速度。

S 是模态指令，S 功能只有在主轴速度可调节时有效。

S 所编制的主轴转速可以借助机床控制面板上的"主轴倍率"开关进行修调。

## 3. 进给功能 F

格式：F××××

F 指令表示工件被加工时刀具相对于工件的合成进给速度，F 的单位取决于 G94（每分钟进给量 mm/min）或 G95（每转进给量 mm/r）。使用下面公式可以实现每转进给量与每分钟进给量的换算：

$$f_{\mathrm{m}} = f_r \times S$$

式中，$f_{\mathrm{m}}$ 为每分钟进给量（mm/min）；$f_r$ 为每转进给量（mm/r）；S 为主轴转速（r/min）。

当工作在 G01、G02 或 G03 方式下，编程的 F 一直有效，直到被新的 F 值所取代；而工作在 G00 方式下，快速定位的速度是各轴的最高速度，与所编程的 F 无关。

借助机床控制面板上的"进给倍率"按键，F 可在一定范围内进行倍率修调。当执行攻丝循环 G76、螺纹切削循环 G82、螺纹切削 G32 时，倍率开关失效，进给倍率固定在 100%。

注：（1）当使用每转进给量方式时，必须在主轴上安装一个位置编码器。

（2）直径编程时，*X* 轴方向的进给速度单位为：半径的变化量/分、半径的变化量/转。

4. 刀具功能（T 功能）

格式：T××××

T 代码用于选择刀具，其后的 4 位数字分别表示为：前两位为选择的刀具号，后两位为刀具补偿号。

T 代码与刀具的关系是由机床制造厂规定的，请参考机床厂家的说明书。

执行 T 指令，转动转塔刀架，选定指定的刀具转到工作方位。

当一个程序段同时包含 T 代码与刀具移动指令时，先执行 T 代码指令，后执行刀具移动指令；T 指令同时调入刀补寄存器中的补偿值。如图 2-1-2 所示。

| 刀偏表: | | | | | | |
|---|---|---|---|---|---|---|
| 刀偏号 | X偏置 | Z偏置 | X磨损 | Z磨损 | 试切直径 | 试切长度 |
| #0001 | -388.934 | -861.733 | 0.000 | 0.000 | 38.534 | 0.000 |
| #0002 | -390.333 | -855.202 | 0.000 | 0.000 | 35.766 | -5.747 |
| #0003 | -390.934 | -861.733 | 0.000 | 0.000 | 0.000 | 0.000 |
| #0004 | 0.000 | 0.000 | 0.000 | 0.000 | 0.000 | 0.000 |

图 2-1-2 刀偏表 *X* 偏置和 *Z* 偏置

例如：T0101：选择 1 号刀 1 号刀补；

T0202：选择 2 号刀 2 号刀补；

T0103：选择 1 号刀 3 号刀补。

5. 准备功能 G 指令

准备功能 G 指令由 G 及后面一位或两位数值组成，它用来规定刀具和工件的相对运动轨迹、机床坐标系、坐标平面、刀具补偿、坐标偏置等多种加工操作。

G 功能根据其功能的不同分成若干组，其中 00 组的 G 功能称非模态 G 功能，其余的称模态 G 功能。

非模态 G 功能：只在所规定的程序段中有效，程序段结束时被注销。

模态 G 功能：一组可相互注销的 G 功能，这些功能一旦被执行，则一直有效，直到被同一组的 G 功能注销为止。

模态 G 功能组中包含一个缺省 G 功能，数控机床上电时被初始化为该功能。

没有共同地址符的不同组 G 代码可以放在同一程序段中，而且与顺序无关。

例如：G90、G17 可与 G01 放在同一程序段。

华中世纪星 HNC-21T 数控装置 G 功能指令见表 2-1-2。

表 2-1-2 准备功能一览表

| G 代码 | 组 | 功　　能 | 参数（后续地址符） |
|---|---|---|---|
| G00 | 01 | 快速定位 | X，Z |
| ▼G01 | | 直线插补 | X，Z |
| G02 | | 顺圆插补 | X，Z，I，K，R |
| G03 | | 逆圆插补 | X，Z，I，K，R |
| G04 | 00 | 暂停 | P |
| G20 | 08 | 英寸输入 | X，Z |
| ▼G21 | | 毫米输入 | X，Z |
| G28 | 00 | 返回参考点 | |
| G29 | | 由参考点返回 | |
| G32 | 01 | 螺纹切削 | X，Z，R，E，P，F |
| ▼G36 | 17 | 直径编程 | |
| G37 | | 半径编程 | |
| ▼G40 | 09 | 刀尖半径补偿取消 | |
| G41 | | 左刀补 | T |
| G42 | | 右刀补 | T |
| G53 | 00 | 直接机床坐标系编程 | |
| ▼G54 | 11 | 坐标系选择 | |
| G55 | | | |
| G56 | | | |
| G57 | | | |
| G58 | | | |
| G59 | | | |
| G65 | | 宏指令简单调用 | P，A~Z |
| G71 | 06 | 外径/内径车削复合循环 | X，Z，U，W，C，P |
| G72 | | 端面车削复合循环 | Q，R，E |
| G73 | | 闭环车削复合循环 | |
| G76 | | 螺纹切削复合循环 | X，Z，I，K，C，P |
| G80 | | 外径/内径车削固定循环 | R，E |
| G81 | | 端面车削固定循环 | |
| G82 | | 螺纹切削固定循环 | |
| ▼G90 | 13 | 绝对编程 | |
| G91 | | 相对编程 | |

续表

| G 代码 | 组 | 功　　能 | 参数（后续地址符） |
|---|---|---|---|
| G92 | 00 | 工件坐标系设定 | X，Z |
| ▼G94<br>G95 | 14 | 每分钟进给<br>每转进给 | |
| G96<br>▼G97 | 16 | 恒线速度切削<br>恒线速度切削取消 | S |

注：00 组中 G 代码是非模态指令，其他组 G 代码是模态指令；有▼标记则为缺省值。

（二）有关单位设定 G 代码

1. 尺寸单位选择 G20、G21

格式：G20

G21

说明：G20：英制输入制式；

G21：公制输入制式。

两种制式下线性轴、旋转轴的尺寸单位见表 2-1-3。G20、G21 为模态功能，可相互注销，G21 为缺省值。

表 2-1-3　　　　　　　　　　尺寸输入制式及其单位

| | 线性轴 | 旋转轴 |
|---|---|---|
| 英制（G20） | 英寸 | 度 |
| 公制（G21） | 毫米 | 度 |

2. 进给速度单位的设定 G94、G95

格式：G94［F ___ ］；

G95［F ___ ］；

说明：G94：每分钟进给。对于线性轴，F 的单位依 G20/G21 的设定而为 mm/min 或 in/min；对于旋转轴，F 的单位为度/min。

G95：每转进给，即主轴旋转一周时刀具的进给量。F 的单位依 G20/G21 的设定而为 mm/r 或 in/r。这个功能只在主轴装有编码器时才能使用。

G94、G95：模态功能，可相互注销，G94 为缺省值。

3. 绝对值编程 G90 相对值编程 G91

格式：G90

G91

说明：G90：绝对值编程，每个编程坐标轴上的编程值是相对于程序原点；

　　　　G91：相对值编程，每个编程坐标轴上的编程值是相对于前一位置而言的，该值等于沿轴移动的距离。

绝对编程时，用 G90 指令后面的 X、Z 表示 X 轴、Z 轴的坐标值。

增量编程时，用 U、W 或 G91 指令后面的 X、Z 表示 X 轴、Z 轴的增量值。其中表示增量的字符 U、W 不能用于循环指令 G80、G81、G82、G71、G72、G73、G76 程序段中，但可用于定义精加工轮廓的程序中。

G90、G91 为模态功能，可相互注销，G90 为缺省值。

【例】如图 2-1-3 所示，使用 G90、G91 编程。要求刀具由原点 O 按顺序移动到 A、B、C 点，然后回到原点（半径编程）。

图 2-1-3　G90/G91 编程

| G90 编程 | | | G91 编程 | | | 混合编程 | | |
|---|---|---|---|---|---|---|---|---|
| %0102 | | | %0102 | | | %0102 | | |
| N1 | G90 | | N1 | G91 | | N1 | G90 | |
| N2 | G01 X5 | Z15 | N2 | G01 X5 | Z15 | N2 | G01 X5 | Z15 |
| N3 | X20 | Z25 | N3 | X15 | Z10 | N3 | U15 | Z25 |
| N4 | X10 | Z65 | N4 | X-10 | Z40 | N4 | X10 | W40 |
| N5 | G00 X0 | Z0 | N5 | G00 X-10 | Z-65 | N5 | G00 X0 | Z0 |
| N6 | M30 | | N6 | M30 | | N6 | M30 | |

选择合适的编程方式可使编程简化。

当图纸尺寸由一个固定基准给定时，采用绝对方式编程较为方便。而当图纸尺寸是以轮廓顶点之间的距离给出时，则采用相对方式编程较为方便。

4. 直径方式和半径方式

格式：G36

　　　　G37

说明：G36：直径编程。

　　　　G37：半径编程。

数控车床的工件外形通常是旋转体，其 X 轴尺寸可以用两种方式加以指定：直径方式和半径方式。直径编程注意条件见表 2-1-4。

| 项　目 | 注 意 事 项 |
|---|---|
| Z 轴指令 | 与直径、半径无关 |
| X 轴指令 | 用直径值指令 |
| 坐标系的设定 | 用直径值指令 |
| 圆弧插补的半径指令（R、I、K） | 用半径值指令 |
| X 轴方向的进给速度 | 半径的变化/转 |
| X 轴的位置显示 | 用直径值显示 |

表 2-1-4　　　　　　　　　　　直径编程注意条件

直径方式编程即 X 方向量为直径值，数控车加工编程常用直径方式编程。

G36 为缺省值，机床出厂时一般设为直径编程（本书中例题未经说明，均为直径编程）。

（三）快速点定位 G00、直线插补指令 G01 的格式及说明

1. 快速点定位 G00

格式：G00　X(U)＿ Z(W)＿

说明：X、Z：为绝对编程时，快速定位终点在工件坐标系中的坐标。

　　　U、W：为增量编程时，快速定位终点相对于起点的位移量，U 为 X 方向量，W 为 Z 方向量（终点坐标值-起点坐标值）。

G00 指令刀具相对于工件以各轴预先设定的速度，从当前位置快速移动到程序段指定的定位目标点。

G00 指令中的快速移动速度由机床参数"快移进给速度"对各轴分别设定，不能用 F＿规定。

G00 一般用于加工前快速定位或加工后快速退刀。

快速移动速度可由面板上的"快速修调"按钮修调。

G00 为模态功能，可由 G01、G02、G03 或 G32 功能注销。

注意：在执行 G00 指令时，由于各轴以各自速度移动，不能保证各轴同时到达终点，因而联动直线轴的合成轨迹不一定是直线，操作者必须格外小心，以免刀具与工件发生碰撞。如图 2-1-4 所示。

图 2-1-4

常见的做法是将 X 轴移动到安全位置，再放心地执行 G00 指令。

2. 线性进给（直线插补指令）G01

格式：G01　X(U)＿ Z(W)＿F＿

说明：X、Z：为绝对编程时，终点在工件坐标系中的坐标。

　　　U、W：为增量编程时，终点相对于起点的位移量。

F：合成进给速度。

G01 指令刀具以联动的方式，按 F 规定的合成进给速度，从当前位置按线性路线（联动直线轴的合成轨迹为直线）移动到程序段指令的终点。

G01 是模态代码，可由 G00、G02、G03 或 G32 功能注销。

直线倒角指令 G01，见表 2-1-5。

表 2-1-5　　　　　　　　　　　　　　　**直线倒角指令 G01**

| 指令 | G01 |
|---|---|
| 功能 | 该指令用于直线后倒直角、直线后倒圆角，指令刀具从 A 点到 B 点，然后到 C 点（见图示） |
| 图示 | |
| 格式 | G01　X(U)__Z(W)__$\left\{\begin{array}{l} C\ \underline{\quad} \\ R\ \underline{\quad} \end{array}\right\}$F |

| 参数 | 含　义 |
|---|---|
| X、Z | 绝对值编程时，为未倒角前两相邻程序段轨迹的交点 G 的坐标值 |
| U、W | 增量值编程时，为 G 点相对于起始直线轨迹的始点 A 点的移动距离 |
| C | 倒角终点 C，相对于相邻两直线的交点 G 的距离 |
| R | 倒角圆弧的半径值 |
| F | 合成进给速度 |
| 说明 | ①在螺纹切削程序段中不得出现倒角控制指令；<br>②当 X 轴、Z 轴指定的移动量比指定的 R 或 C 小时，系统将报警 |

【例】　如图 2-1-5 所示，毛坯 $\phi 35\text{mm} \times 90\text{mm}$，用直线插补指令编程。

%0003　　　　　　　　　　　　　　　　（绝对值编程）

N01　　M03 S600　　　　　　　　　　（主轴正转，转速 600r/min）

图 2-1-5

| N02 | T0101 | （使用 1 号刀具，刀具补偿号为 01） |
|---|---|---|
| N03 | G00 X38 Z5 | （快速靠近工件毛坯） |
| N04 | G01 X31　F100 | （定位到切削起点，切深 2mm） |
| N05 | Z-50 | （第一次切削） |
| N06 | G00 X36 Z2 | （退刀） |
| N07 | X28 | （进刀，切深 1.5mm） |
| N08 | G01 Z-50 | （第二次切削） |
| N09 | G00 X100 | （退刀） |
| N10 | Z100 | （返回到安全点） |
| N11 | M05 | （主轴停止转动） |
| N12 | M30 | （程序结束并复位） |

| ％0013 | | （增量值编程） |
|---|---|---|
| N01 | M03 S600 | （主轴正转，转速 600r/min） |
| N02 | T0101 | （使用 1 号刀具，刀具补偿号为 01） |
| N03 | G00 X38 Z5 | （快速靠近工件毛坯） |
| N04 | G01 X31 F100 | （定位到切削起点，切深 2mm） |
| N05 | W-52 | （第一次切削） |
| N06 | G00 U2 W52 | （退刀到 X33mm、Z2mm 处） |
| N07 | U-5 | （进刀到 X28mm、Z2mm 处） |
| N08 | G01 W-52 | （第二次切削） |
| N09 | G00　X80 | （退刀） |
| N10 | Z60 | （返回到安全点） |
| N11 | M05 | （主轴停止转动） |
| N12 | M30 | （程序结束并复位） |

图 2-1-6　阶梯轴的零件图

**四、任务实施**

编制图 2-1-6 所示零件的加工程序，零件毛坯为 $\phi 40mm \times 90mm$ 棒料，材料为尼龙棒，利用宇龙仿真软件进行仿真加工，之后操作数控车床完成零件的实际加工。

（一）加工工艺分析

1. 分析零件图

该阶梯轴零件由三段直径分别为 $\phi 34mm$、$\phi 24mm$、$\phi 14mm$ 的圆柱组成，其表面粗糙度及尺寸公差没有特别要求，均为自由公差，零件右端面为其长度方向尺寸基准，零件总长为 60mm。

2. 确定加工方案及加工工艺路线

加工方案：分析零件图形及尺寸，采用三爪自定心卡盘夹紧工件，以轴心线和右端面的交点为编程原点，运用直线插补指令加工此阶梯轴；但由于该零件是由 $\phi 36mm$ 的毛坯加工到最小尺寸为 $\phi 14mm$ 的圆柱，切削量过大，不能一刀完成，所以需要分层加工；加工精度较低，所以不分粗、精加工；粗加工每刀单边加工量选 2.5mm，加工结束后用切断刀保证总长。

加工工艺路线：

（1）夹持零件毛坯，伸出卡盘约 80mm（观察 Z 轴限位距离），找正并夹紧；

（2）选择 1 号外圆车刀，加工工件轮廓至尺寸；

（3）切断零件，保证总长。

（二）实施设施准备

设备型号：凯达 CK6136S 数控车床。

毛坯：$\phi 40mm \times 90mm$ 尼龙棒。

选择工、量、刃具，见表 2-1-6。

表 2-1-6　　　　　　　　　　　工、量、刃具清单

| 工、量、刃具清单 | | | | 精度（mm） | 单位 | 数量 |
|---|---|---|---|---|---|---|
| 种类 | 序号 | 名称 | 规格 | | | |
| 工具 | 1 | 三爪自定心卡盘 | | | 个 | 1 |
| | 2 | 卡盘扳手 | | | 副 | 1 |
| | 3 | 刀架扳手 | | | 副 | 1 |
| | 4 | 垫刀片 | 0.2~2mm | | 块 | 若干 |
| | 5 | 划线盘 | | | 个 | 1 |
| 量具 | 1 | 游标卡尺 | 0~150mm | 0.02 | 把 | 1 |
| | 2 | 百分表 | 0~10mm | 0.01 | 只 | 1 |
| 刃具 | 1 | 外圆车刀 | 95° | | 把 | 1 |

## （三）编制加工工艺卡片（表 2-1-7 ~ 表 2-1-9）

表 2-1-7                                   数控加工刀具卡

| 产品名称或代号 | | | 零件名称 | 阶梯轴 | 零件图号 | | |
|---|---|---|---|---|---|---|---|
| 序号 | 刀具号 | 刀具名称 | 数量 | 加工表面 | 刀尖半径 $R$（mm） | 刀尖方位 $T$ | 备注 |
| 1 | T0101 | 外圆粗车刀 | 1 | 粗车外轮廓 | 0.8 | 3 | 刀尖角 80°主偏角 95° |
| 编制 | | 审核 | | 批准 | 日期 | 共 页 | 第 页 |

表 2-1-8                                   数控加工工序卡

| 单位名称 | | 产品名称或代号 | | 零件名称 | | 零件图号 | |
|---|---|---|---|---|---|---|---|
| | | | | 阶梯轴 | | | |
| 工序号 | 程序编号 | 夹具名称 | | 使用设备 | | 车间 | |
| | | 三爪自定心卡盘 | | CK6136S 数控车床 | | 数控实训基地 | |
| 工步号 | 工步内容 | 刀具号 | 刀片规格 $R$(mm) | 主轴转速 $n$(r/min) | 进给速度 $V_c$(mm/min) | 背吃刀量 $a_p$(mm) | 备注 |
| 1 | 粗车外轮廓 | T0101 | 0.8 | 600 | 150 | 1.5 | |
| 2 | 检测、校核 | | | | | | |
| | | | | | | | |
| | | | | | | | |
| 编制 | | 审核 | | 批准 | 日期 | 共 页 | 第 页 |

表 2-1-9                                   数控加工程序单

程序名   O0001

| 程序段号 | 程序内容 | 说 明 |
|---|---|---|
| | %0425 | 程序头 |
| N10 | M03   S600 | 主轴正转,600r/min |
| N20 | T0101 | 选择 1 号刀具,选择 1 号刀补 |

| 程序名 | O0001 | |
|---|---|---|
| 程序段号 | 程序内容 | 说　明 |
| | %0425 | 程序头 |
| N30 | G00　X42　Z0 | 快速定位,靠近工件右端面 |
| N40 | G01　X0　F100 | 车右端面,进给速度为 100mm/min |
| N50 | X34 | 进刀至 φ34 |
| N60 | Z-60 | 车削 φ34 阶梯轴 |
| N70 | G00　X38　Z2 | 快速退刀 |
| N80 | X29 | 进刀至 φ29 |
| N90 | G01　Z-40 | 车削 φ29 阶梯轴 |
| N100 | G00　X38　Z2 | 快速退刀 |
| N110 | X24 | 进刀至 φ24 |
| N120 | G01　Z-40 | 车削 φ24 阶梯轴 |
| N130 | G00　X38　Z2 | 快速退刀 |
| N140 | X19 | 进刀至 φ19 |
| N150 | G01　Z-20 | 车削 φ19 阶梯轴 |
| N160 | G00　X38　Z2 | 快速退刀 |
| N170 | X14 | 准备车 φ14 外圆 |
| N180 | G01　Z-20 | 车削 φ14 阶梯轴 |
| N190 | G00　X100 | 先径向快速退刀至 X100 |
| N200 | Z100 | 再轴向快速退刀至 Z100 |
| N210 | M05 | 主轴停止 |
| N220 | M30 | 程序结束 |

（四）操作仿真软件，完成零件仿真加工

（五）操作数控车床，完成零件实际加工

零件加工步骤如下：

（1）检查坯料尺寸。

（2）按顺序打开机床，并将机床回参考点。

（3）装夹刀具与工件。

外圆车刀按要求装于刀架 T01 号刀位，外圆车刀刀尖点与工件中心等高。尼龙棒夹在三爪自定心卡盘上，伸出 70mm，找正并夹紧。

（4）手动对刀，建立工件坐标系。

$Z$ 轴对刀：

①手动方式下，使主轴正转；或者 MDA（MDI）方式输入 M03 S400。

②手动方式下，移动刀具，车削工件右端面至轴线中心处。注意，刀具接近工件时，进给倍率为 1%～2%。在控制面板 MDI 的刀偏表下，#0001 位置，在刀具长度补偿存储器中输入"0"。

$X$ 轴对刀：

①手动方式下，使主轴正转；或者 MDA（MDI）方式输入 M03 S400。

② 手动方式下，移动刀具，使外圆车刀外车削一段外圆面（2～3mm），$Z$ 方向退出刀具；停车，测量已车外圆直径；注意刀具接近工件时，进给倍率为 1%～2%。在控制面板 MDI 的刀偏表下，#0001 位置，在刀具直径补偿存储器中输入直径值。完成外圆车刀的对刀。

（5）输入程序。

（6）锁住机床，校验程序。

（7）程序校验无误后，开始加工。

（8）加工完成后，按照图纸检查零件。

（9）检查无误后，关机，清扫机床。

## 五、任务总结评价

（一）自我评估

针对能力目标，对自己在任务实施过程中的表现给出分数（满分 100 分）以及 A 优秀、B 良好、C 合格、D 不合格等级予以客观评价。

| 知识与能力 | |
| --- | --- |
| 问题与建议 | |
| 自我打分：　　分 | 评价等级：　　级 |

（二）小组评价

小组同学对该同学在任务实施过程中的表现给出分数（单项 0 ~ 20 分）及等级予以客观、合理评价。

| 独立工作能力 | 学习创新能力 | 小组发挥作用 | 任务完成 | 其 他 |
|---|---|---|---|---|
| 分 | 分 | 分 | 分 | 分 |
| 五项总计得分： 分 | | | 评价等级： 级 | |

（三）教师评价

指导教师根据学生在学习及任务实施过程中的工作态度、综合能力、任务完成情况予以评价。

|  |
|---|
| 得分： 分，评价等级： 级 |

**六、技能拓展**

编制图 2-1-7 所示零件的加工程序，零件毛坯为 $\phi45mm \times 100mm$ 棒料，材料为尼龙棒，利用上海宇龙仿真软件进行仿真加工，之后操作数控车床完成零件的实际加工。

图 2-1-7 阶梯轴的零件图

# 任务 2-2  切槽及切断零件加工

## 一、任务要求

切槽零件图和三维实体图如图 2-2-1 所示。要求：
（1）理解切槽的加工工艺。
（2）能够运用 G01、G04 指令编写程序。
（3）能够运用 M98、M99 子程序调用指令。
（4）能够正确掌握切槽刀的对刀操作。

图 2-2-1  切槽零件图和三维实体图

## 二、能力目标

（1）掌握切槽刀装夹方法。
（2）掌握切槽刀安装、对刀及校验方法。
（3）能够通过仿真软件校验程序。
（4）能操作数控车床加工出外槽零件。
（5）掌握程序断点加工方法。

## 三、知识准备

（一）相关工艺知识
1. 槽分类与特点
按形状分：直槽、V 形槽、R 槽等，按所在位置分：外圆槽、端面槽等。如图 2-2-2 所示。
2. 技术要求的确认
定位尺寸、槽口尺寸、槽深、槽口角度、表面粗糙度。
3. 刀具参数选用
切断刀与一般的切槽刀的形状大致相同，当加工窄槽时，切槽刀刀头宽度等于槽宽。切断刀虽不受槽宽限制，但也不能太窄。太宽，浪费金属材料及因切削力太大而引起振

图 2-2-2 槽的分类

动；太窄，刀头容易折断。

通常切断刀刀头宽度 $a$ 可按下面经验公式确定：

$$a \approx (0.5 \sim 0.6)\ D\ (\text{mm})$$

式中：$D$ 为工件直径（mm）。

切槽刀刀头的长度根据加工具体情况确定，一般不宜太长。断刀刀头的长度应大于将工件切断时的切入深度 2~3mm。刀杆长度 $l = h + (2 \sim 3)$。

4. 切断与切槽的方法

1）车刀的安装与注意事项

（1）切断刀不宜伸出过长，同时切断刀的中心线必须与工件轴线垂直，以保证两副偏角的对称。

（2）切断实心工件时，切断刀必须装得与工件轴线等高，否则不能切到中心，而且容易崩刃甚至折断车刀。

（3）切断刀底平面如果不平，安装时会引起两副后角不对称。

（4）切断毛坯表面的工件前，最好用外圆车刀把工件先车圆，或开始时尽量减小走刀量，进刀要慢些；否则，较大的冲击力容易损坏车刀。

（5）用手动进刀切断时，应注意走刀的均匀性，并且不得中途停止走刀，否则车刀与已加工面产生不断摩擦，造成迅速磨损。如果加工中必须停止走刀或停车，则应先将车刀退出。

（6）用卡盘装夹工件切断时，切断位置应尽可能靠近卡盘；否则容易引起振动，或使工件抬起压断切断刀。

（7）切断一夹一顶装夹的工件时，工件不应完全切断，应卸下工件后再调敲断。

2）切断方法

（1）正车切断法：切断一般都采用这种方法，即主轴正转，横向走刀进行车削。横向走刀可以手动也可机动。当机床刚性不够好时，切断过程中可采用分段切削法。这样使切刀比直切法减少一个摩擦面，便于排屑和减少振动。

（2）反车切断法：对于大而重的工件，采用反车切断法，因车刀对工件的作用力与工件的自重力的方向相同，不容易引起振动，而且排屑较顺利。采用反车切断法时，卡盘应有防松装置，同时，因为刀架受到的力是向上的，故刀架等要有足够的刚性。反车切断法的缺点是难以观察切削过程中的具体情况。

切断时，由于切断刀伸入槽内，周围被工件和切屑包围，散热条件很差。为了降低切削区域的温度，应在切断时浇注充分的切削液进行冷却。

3）切槽方法

（1）窄槽加工方法（直进法）：当槽宽度尺寸不大时，可采用刀头宽度等于槽宽的切槽刀，一次进给切出，如图 2-2-3 所示。编程时，还可用 G04 指令在刀具切至槽底时停留一定时间，以光整槽底。如图 2-2-1 所示零件的 3 个槽即可采用这种方法加工。

图 2-2-3　直进法切槽

（2）宽槽加工方法：当槽宽度尺寸较大（大于切槽刀刀头宽度）时，应采用多次进给方法，并在槽底及槽壁两侧留有一定精车余量，然后根据槽宽尺寸进行精加工。槽宽加工的刀具路线图如图 2-2-4 所示。

切槽刀有左、右两个刀尖及切削刃中心处三个刀位点。在整个加工过程中，应采用同一个刀位点，一般采用左刀尖点作为刀位点 1（即为对刀点），编程较方便，

（a）宽槽粗加工　　　　　　　（b）宽槽精加工

图 2-2-4　宽槽加工的刀具路线

如图 2-2-5 所示。

切槽过程中退刀路线应合理，避免撞刀；切槽后，应该先沿径向（X 向）退出切槽刀，再沿轴向（Z 向）退刀，如图 2-2-6 所示。

（二）暂停指令 G04

格式：G04　P ＿＿

说明：P 为暂停时间，单位为 s。

G04 在前一程序段的进给速度降到零之后才开始暂停动作。

在执行含 G04 指令的程序段时，先执行暂停功能。

G04 为非模态指令，仅在其被规定的程序段中有效。

图 2-2-5 刀位点

图 2-2-6 先径向再轴向退刀方式

G04 可使刀具作短暂停留，以获得圆整而光滑的表面。该指令除用于切槽、钻孔、镗孔外，还可用于拐角轨迹控制。

【例】如图 2-2-7 所示，选择切槽刀（刀宽 5mm）2 号刀切槽，并停留 2s。

图 2-2-7

%0013

| | | |
|---|---|---|
| N10 | G00 X100 Z100 | （刀具移到安全换刀位置） |
| N20 | T0202 | （选择 2 号刀） |
| N30 | M03 S500 | （主轴正转，500r/min） |
| N40 | G00 X45 Z-25 | （刀具移到切槽起点） |
| N50 | G01 X34 F50 | （切槽至 φ34） |
| N60 | G04 P2 | （停留 2s） |
| N70 | G00 X100 | （退刀） |
| N80 | Z100 | （回换刀点） |
| N90 | M30 | （主轴停、主程序结束并复位） |

（三）子程序调用 M98 及从子程序返回 M99

M98 用来调用子程序。

M99 表示子程序结束，执行 M99 使控制返回到主程序。

（1）子程序的格式：

％××××

……

M99

在子程序开头，必须规定子程序号，以作为调用入口地址。

在子程序的结尾用 M99，以控制执行完该子程序后返回主程序。

（2）调用子程序的格式：

M98 P ＿＿ L ＿＿

说明：P 为被调用的子程序号，L 为重复调用次数。

当主程序运行到 M98 程序段时，转移到子程序执行子程序，当子程序运行到 M99 程序段时，返回到主程序 M98 程序段，重复调用子程序，直到调用次数执行完毕，再执行主程序 M99 程序段后面的程序段。

注：可以带参数调用子程序，G65 指令的功能和参数与 M98 相同。

【例】调用子程序切槽，毛坯：$\phi$55mm×105mm，如图 2-2-8 所示。

图 2-2-8

零件需调头加工：

①夹毛坯外圆，用 1 号刀加工左端 $\phi$40 外圆及锥面（程序略）；

②调头夹 $\phi$40 外圆，对 1 号刀和 2 号刀，用 1 号刀车 $\phi$50 外圆、$\phi$44 外圆、锥面及 R3 圆弧，换 2 号刀调用子程序切槽。

刀具选择：1 号刀加工外形，2 号刀切槽，刀宽 3mm。

％0030

N0010　　M03 S900

```
N0020    T0101
N0030    G00 X60 Z0
N0040    G01 X0 F120
N0050    X51
N0060    Z-68
N0070    G00X52 Z2
N0080    X45
N0090    G01 Z-10
N0100    W-8 X51
N0110    G00 Z1
N0120    X38
N0130    G01 Z0 F80
N0140    G03 X44 Z-3 R3
N0150    G01 Z-10
N0160    X50 W-8
N0170    Z-68
N0180    G00 X100
N0190    Z80
N0200    T0202
N0210    S600
N0220    G00 X52 Z-20
N0230    M98 P0130 L6
N0240    G00 X100
N0250    Z80
N0260    M30

%0130
N0300    G00 W-6
N0310    G01 X42 F50
N0320    G04 P1
N0330    G00 X52
N0340    W-1
N0350    G01 X42
N0360    G04 P1
N0370    G00 X52
N0380    M99
```

#### 四、任务实施

编制如图 2-2-9 所示零件的加工程序，零件毛坯为 $\phi30\text{mm}\times80\text{mm}$ 棒料，材料为尼龙棒，利用上海宇龙仿真软件进行仿真加工，之后操作数控车床完成零件的实际加工。

图 2-2-9　切槽零件图

（一）加工工艺分析

1. 分析零件图

该阶梯轴零件由三段直径分别为 $\phi24\text{mm}$、$\phi20\text{mm}$、$\phi16\text{mm}$ 的圆柱，槽宽为 3mm 的沟槽，以及倒角 C2 组成，其表面粗糙度及尺寸公差没有特别要求，均为自由公差，零件右端面为其长度方向尺寸基准，零件总长为 53mm。

2. 确定加工方案及加工工艺路线

加工方案：分析零件图形及尺寸，采用三爪自定心卡盘夹紧工件，以轴心线和右端面的交点为编程原点。该零件有 3 个外沟槽需要切削，可以利用 G04 指令进行暂停及排屑分层加工；加工精度较低，所以不分粗、精加工；粗加工每刀单边加工量选 1mm，加工结束后用切断刀保证总长。

加工工艺路线：

（1）夹持零件毛坯，伸出卡盘约 65mm（观察 Z 轴限位距离），找正并夹紧。

（2）选择 1 号外圆车刀，加工工件轮廓至尺寸。

（3）选择 2 号外切槽刀，加工工件槽宽及槽深至尺寸。

（4）切断零件，保证总长。

（二）实施设施准备

设备型号：凯达 CK6136S 数控车床。

毛坯：$\phi30\text{mm}\times85\text{mm}$ 尼龙棒。

选择工、量、刃具，见表 2-2-1。

表 2-2-1　　　　　　　　　　　　　　　　**工、量、刃具清单**

| 工、量、刃具清单 | | | | 精度（mm） | 单位 | 数量 |
|---|---|---|---|---|---|---|
| 种类 | 序号 | 名称 | 规格 | | | |
| 工具 | 1 | 三爪自定心卡盘 | | | 个 | 1 |
| | 2 | 卡盘扳手 | | | 副 | 1 |
| | 3 | 刀架扳手 | | | 副 | 1 |
| | 4 | 垫刀片 | 0.2～2mm | | 块 | 若干 |
| | 5 | 划线盘 | | | 个 | 1 |
| 量具 | 1 | 游标卡尺 | 0～150mm | 0.02 | 把 | 1 |
| | 2 | 百分表 | 0～10mm | 0.01 | 只 | 1 |
| 刃具 | 1 | 外圆车刀 | 95° | | 把 | 1 |
| | 2 | 外切槽刀 | 3mm | | 把 | 1 |

（三）编制加工工艺卡片（表 2-2-2～表 2-2-4）

表 2-2-2　　　　　　　　　　　　　　　　**数控加工刀具卡**

| 产品名称或代号 | | | 零件名称 | 切槽及切断 | 零件图号 | | |
|---|---|---|---|---|---|---|---|
| 序号 | 刀具号 | 刀具名称 | 数量 | 加工表面 | 刀尖半径 $R$（mm） | 刀尖方位 $T$ | 备注 |
| 1 | T0101 | 外圆粗车刀 | 1 | 粗车外轮廓 | 0.8 | 3 | 刀尖角 80° 主偏角 95° |
| 2 | T0202 | 外切槽刀 | 1 | 切槽 | | | 刀宽 3mm， 切深 10mm |
| 编制 | | 审核 | | 批准 | | 日期 | 共　页　第　页 |

表 2-2-3　　　　　　　　　　　　　　　　**数控加工工序卡**

| 单位名称 | | 产品名称或代号 | | 零件名称 | | 零件图号 | |
|---|---|---|---|---|---|---|---|
| | | | | 切槽及切断 | | | |
| 工序号 | 程序编号 | 夹具名称 | | 使用设备 | | 车间 | |
| | | 三爪自定心卡盘 | | CK6136S 数控车床 | | 数控实训基地 | |
| 工步号 | 工步内容 | 刀具号 | 刀片规格 $R$(mm) | 主轴转速 $n$(r/min) | 刀具号 | 刀片规格 $R$(mm) | 主轴转速 $n$(r/min) |
| 1 | 粗车外轮廓 | T0101 | 0.8 | 600 | 150 | 1.5 | |

续表

| 工步号 | 工步内容 | 刀具号 | 刀片规格 R(mm) | 主轴转速 n(r/min) | 刀具号 | 刀片规格 R(mm) | 主轴转速 n(r/min) |
|---|---|---|---|---|---|---|---|
| 2 | 倒角 | T0101 | 0.8 | 600 | 150 | 1.5 | |
| 3 | 切外沟槽 | T0202 | 3 | 400 | 40 | 1mm | |
| 4 | 切断 | T0202 | 3 | 400 | 40 | 1mm | |
| 5 | 检测、校核 | | | | | | |

| 编制 | | 审核 | | 批准 | | 日期 | | 共 页 | 第 页 |
|---|---|---|---|---|---|---|---|---|---|
| | | | | | | | | | |

表 2-2-4　　　　　　　　　　　数控加工程序单

程序名　O0001

| 程序段号 | 程序内容 | 说　明 |
|---|---|---|
| | %0425 | 程序头 |
| N10 | M03　S600 | 主轴正转,600r/min |
| N20 | T0101 | 选择 1 号刀具,选择 1 号刀补 |
| N30 | G00　X32　Z2 | 快速定位,靠近工件毛坯 |
| N40 | G01　Z0　F60 | 车削工件右端面至中心点 |
| N50 | X0 | |
| N60 | X27 | 进刀至工件 $\phi 27$mm |
| N70 | G01　Z-53　F150 | 车削 $\phi 27$ 台阶,长度 53mm |
| N80 | G00　X32　Z2 | 退刀 |
| N90 | X24 | 进刀至工件 $\phi 24$mm |
| N100 | G01　Z-53 | 车削 $\phi 24$ 台阶,长度 53mm |
| N110 | G00　X32　Z2 | 退刀 |
| N120 | X22 | 进刀至工件 $\phi 22$mm |
| N130 | G01　Z-20 | 车削 $\phi 22$ 台阶,长度 20mm |
| N140 | G00　X26　Z2 | 退刀 |
| N150 | X20 | 进刀至工件 $\phi 20$mm |
| N160 | G01　Z-20 | 车削 $\phi 20$ 台阶,长度 20mm |
| N170 | G00　X26　Z2 | 退刀 |
| N180 | X16 | 进刀至工件 $\phi 16$mm |

续表

程序名　OO001

| 程序段号 | 程序内容 | 说　明 |
|---|---|---|
| | %0425 | 程序头 |
| N190 | G01　X20　Z-2 | 倒角 C2 |
| N200 | G00　X100 | 先径向快速退刀至 X100 |
| N210 | Z100 | 再轴向快速退刀至 Z100 |
| N220 | T0202 | 换 2 号切槽刀,选择 2 号刀补 |
| N230 | S400 | 主轴转速,400r/min |
| N240 | G00　X30 | |
| N250 | Z-36 | 快速点位至 Z-36mm 沟槽,切削第 1 个沟槽 |
| N260 | G01　X16　F40 | 切槽深度至 φ16mm |
| N270 | G04　P2 | 暂停 2s |
| N280 | G00　X26 | 退刀 |
| N290 | Z-28 | 快速点位至 Z-28mm 沟槽,切削第 2 个沟槽 |
| N300 | G01　X16　F40 | 切槽深度至 φ16mm |
| N310 | G04　P2 | 暂停 2s |
| N320 | G00　X26 | 退刀 |
| N330 | Z-20 | 快速点位至 Z-20mm 沟槽,切削第 3 个沟槽 |
| N340 | G01　X16　F40 | 切槽深度至 φ16mm |
| N350 | G04　P2 | 暂停 2s |
| N360 | G00　X100 | 先径向快速退刀至 X100 |
| N370 | Z100 | 再轴向快速退刀至 Z100 |
| N380 | M05 | 主轴停止 |
| N390 | M30 | 程序结束 |

（四）操作数控仿真软件，完成零件仿真加工

（五）操作数控车床，完成零件实际加工

零件加工步骤如下：

（1）检查坯料尺寸。

（2）按顺序打开机床，并将机床回参考点。

（3）装夹刀具与工件。

外圆车刀按要求装于刀架 T01 号刀位，切槽（断）刀按要求装于刀架 T02 号刀位，切槽刀的左刀尖与工件中心等高，保证刀头与工件轴线垂直，防止因干涉而折断刀头。尼龙棒夹在三爪自定心卡盘上，伸出 65mm，找正并夹紧。

（4）手动对刀，建立工件坐标系。

切槽刀对刀时以左刀尖点为刀位点，（与编程采用的刀位点一致）来对刀。

$Z$ 轴对刀：

①手动方式下，使主轴正转；或者 MDA（MDI）方式输入 M03 S400。

②手动方式下，移动刀具，使切槽刀左侧刀尖刚好接触工件右端面。注意刀具接近工件时，进给倍率为 1% ~ 2%。在控制面板 MDI 的刀偏表下，#0002 位置，在刀具长度补偿存储器中输入"0"。

$X$ 轴对刀：

①手动方式下，使主轴正转；或者 MDA（MDI）方式输入 M03 S400。

②手动方式下，移动刀具，使切槽刀主切削刃刚好接触工件外圆（可以取外圆车刀试车削的外圆表面）或另在已车外圆表面再车一段外圆面（2 ~ 3mm），$Z$ 方向退出刀具；停车，测量已车外圆直径；注意刀具接近工件时，进给倍率为 1% ~ 2%。在控制面板 MDI 的刀偏表下，#0002 位置，在刀具直径补偿存储器中输入直径值。依次完成外圆车刀、外切槽刀的对刀。

（5）输入程序。

（6）锁住机床，校验程序。

（7）程序校验无误后，开始加工。

（8）加工完成后，按照图纸检查零件。

（9）检查无误后，关机，清扫机床。

**五、任务总结评价**

（一）自我评估

针对能力目标，对自己在任务实施过程中的表现给出分数（满分 100 分）以及 A 优秀、B 良好、C 合格、D 不合格等级予以客观评价。

| 知识<br>与<br>能力 | |
|---|---|
| | |
| | |
| 问题<br>与<br>建议 | |
| | |
| | |

| 自我打分：　　分 | 评价等级：　　级 |
|---|---|

### （二）小组评价

小组同学对该同学在任务实施过程中的表现给出分数（单项 0~20 分）及等级予以客观、合理评价。

| 独立工作能力 | 学习创新能力 | 小组发挥作用 | 任务完成 | 其　他 |
|---|---|---|---|---|
| 　　分 | 　　分 | 　　分 | 　　分 | 　　分 |

| 五项总计得分：　　分 | 评价等级：　　级 |
|---|---|

### （三）教师评价

指导教师根据学生在学习及任务实施过程中的工作态度、综合能力、任务完成情况予以评价。

|  |
|---|
| <br><br><br><br>　　　　　　　　　　　　　　　　得分：　　分，评价等级：　　级 |

### 六、技能拓展

编制如图 2-2-10 所示零件的加工程序，零件毛坯为 $\phi40\text{mm}\times80\text{mm}$ 棒料，材料为尼龙棒，利用宇龙仿真软件进行仿真加工，之后操作数控车床完成零件的实际加工。

图 2-2-10 外沟槽零件图和实体图

# 任务 2-3 锥度面零件加工

## 一、任务要求

外圆锥面零件图和三维实体图如图 2-3-1 所示。要求：
（1）了解锥面的标注及尺寸计算。
（2）掌握简单循环 G80、G81 指令及应用。
（3）会编制外圆锥零件加工工艺。

图 2-3-1 外圆锥面零件图和三维实体图

## 二、能力目标

（1）能够使用简单循环指令 G80、G81 编制程序。
（2）能够通过仿真软件校验程序。
（3）能操作数控车床加工出简单阶梯轴零件。

### 三、知识准备

（一）圆锥面基本参数计算（表2-3-1）

表 2-3-1                                               圆锥面基本参数计算

| 基 本 参 数 | 图 例 |
|---|---|
| 最大圆锥直径：$D$ |  |
| 最小圆锥直径：$d$ | |
| 圆锥长度：$L$ | |
| 锥度比：$C=（D-d）/L$<br>圆锥半角：$\alpha/2$<br>$\dfrac{C}{2}=\tan\dfrac{\alpha}{2}$ | |
| 备注：圆锥具有 4 个基本参数（$C$、$D$、$d$、$L$），只要已知其中三个参数，便可以通过公式 $C=（D-d）/L$ 计算出未知参数 | |

（二）内（外）径切削循环 G80 指令

1. 圆柱面内（外）径切削循环

格式：G80  X __ Z __ F __

说明：X、Z：绝对编程时，为切削终点 $C$ 在工件坐标系下的坐标；增量编程时，为切削终点 $C$ 相对循环起点 $A$ 的有向距离，图中用 $U$、$W$ 表示，其符号由轨迹 $A{\rightarrow}B$ 和 $B{\rightarrow}C$ 的方向确定，沿坐标轴正方向为正，反之为负；二轴坐标必须齐备，相对坐标不能为零。该指令执行的动作轨迹如图 2-3-2 所示：$A{\rightarrow}B{\rightarrow}C{\rightarrow}D{\rightarrow}A$。

图 2-3-2  圆柱面内（外）径切削循环

【例】零件外圆 $\phi35$ 已加工，用 G80 循环指令编程加工 $\phi20\times50$ 外圆，切削深度（半径量）1.5mm，如图 2-3-3 所示。

图 2-3-3

| %0014 | | |
|---|---|---|
| N0010 | M03 S600 | （主轴正转，600r/min） |
| N0020 | T0101 | （选择 1 号刀） |
| N0030 | G00 X36 Z1 | （刀具移到循环起点 X36、Z1） |
| N0040 | G80 X32 Z-50 F80 | （G80 循环，刀具停在循环起点） |
| N0050 | X29 Z-50 | （G80 循环，刀具停在循环起点） |
| N0060 | X26 Z-50 | （G80 循环，刀具停在循环起点） |
| N0070 | X23 Z-50 | （G80 循环，刀具停在循环起点） |
| N0080 | X20 Z-50 | （G80 循环，刀具停在循环起点） |
| N0090 | G00 X100 Z100 | （退刀，刀具移到安全换刀位置） |
| N0100 | M30 | （主轴停、主程序结束并复位） |

2. 圆锥面内（外）径切削循环

格式：G80　X ___ Z ___ I ___ F ___

说明：X、Z：绝对编程时，为切削终点 C 在工件坐标系下的坐标；

增量编程时，为切削终点 C 相对循环起点 A 的有向距离，图中用 U、W 表示，其符号由轨迹 $A\rightarrow B$ 和 $B\rightarrow C$ 的方向确定，沿坐标轴正方向为正，反之为负。

二轴坐标必须齐备，相对坐标不能为零。

I：切削起点 B 与切削终点 C 的半径差，其符号为差的符号（不论是绝对值还是增量值编程）。

该指令执行的动作轨迹如图 2-3-4 所示：$A\rightarrow B\rightarrow C\rightarrow D\rightarrow A$。

【例】零件如图 2-3-5 所示，虚线表示毛坯外形，单边余量 4.5mm，用 G80 指令编程。

分析：单边余量 4.5mm，分三次循环切削，每次切深 1.5mm；刀具已在循环起点，切削起点在锥面延长线距端面 3mm 处；

由图示相似三角形关系可知：I＝（33/30）×5＝5.5。

图 2-3-4 　圆锥面内（外）径切削循环

图 2-3-5

**方法一：**

| | |
|---|---|
| %0115 | （增量值编程） |
| T0101 | （选择 1 号刀具） |
| M03 S400 | （主轴正转，转速 400r/min） |
| G91 G80 X-10 Z-33 I-5.5 F100 | （第一次循环，直径量切深 3mm） |
| X-13 Z-33 I-5.5 | （第二次循环，直径量切深 3mm） |
| X-16 Z-33 I-5.5 | （第三次循环，直径量切深 3mm） |
| M30 | （主轴停、主程序结束并复位） |
| | |
| %0215 | （绝对值编程） |
| T0101 | （选择 1 号刀具） |
| M03 S400 G00 X40 Z3 | （主轴正转，转速 400r/min） |
| G90 G80 X30 Z-30 I-5.5 F100 | （第一次循环，直径量切深 3mm） |
| X27 Z-30 I-5.5 | （第二次循环，直径量切深 3mm） |

| X24 Z-30 I-5. 5 | （第三次循环，直径量切深 3mm） |
| M30 | （主轴停、主程序结束并复位） |

**方法二：（分两步循环切削）**

用 G80 圆柱面切削循环加工出 $\phi$24 圆柱面，单边余量 4.5mm，分三次循环切削，每次切深 1.5mm。

用 G80 圆锥面切削循环加工圆锥面，切削起点在锥面延长线距端面 3mm 处，延长线处单边总切深量为 5.5mm，分三次循环切削，每次切深量分别为 2mm、2mm 和 1.5mm，而切削终点位置不变，如图 2-3-6 所示。

图 2-3-6

| %0315 | （绝对值编程） |
| T0101 | （选择 1 号刀具） |
| M03 S600 | （主轴正转，转速 600r/min） |
| G00 X35 Z3 | （刀具移动到圆柱面循环起点） |
| G80 X30 Z-30 F100 | （第一次循环，直径量切深 3mm） |
| X27 Z-30 | （第二次循环，直径量切深 3mm） |
| X24 Z-30 | （第三次循环，直径量切深 3mm） |
| G00 X26 Z3 | （刀具移动到圆锥面循环起点） |
| G80 X24 Z-30 I-2 | （第一次圆锥面循环，I 为-2） |
| X24 Z-30 I-4 | （第二次圆锥面循环，I 为-4） |
| X24 Z-30 I-5. 5 | （第三次圆锥面循环，I 为-5.5） |
| G00 X100 | （退刀） |
| Z80 | （刀具移到安全换刀位置） |
| M05 | （主轴停） |
| M30 | （主程序结束并复位） |

（三）端面切削循环 G81 指令

格式：G81 X __ Z __ K __ F __

说明：X、Z：绝对编程时，为切削终点 C 在工件坐标系下的坐标；增量编程时，为切削终点 C 相对循环起点 A 的有向距离，图 2-3-7 中用 U、W 表示。

其符号由轨迹 A→B 和 B→C 的方向确定，沿坐标轴正方向为正，反之为负。

K：切削起点 B 相对切削终点 C 的 Z 向有向距离（轴向增量）（K≠0 时，为圆锥端面切削循环，K=0 时，为端平面切削循环）。

该指令执行的动作轨迹如图 2-3-7、图 2-3-8 所示：A→B→C→D→A。

图 2-3-7 端平面切削循环　　图 2-3-8 圆锥端面切削循环

【例】用端面切削循环 G81 指令编程，轴向每次进刀 2mm，如图 2-3-9 所示。

图 2-3-9

```
%0016
M03   S600
T0101
G00   X105   Z38
G01   X0   F50
G00   Z39   X102
G81   X40   Z36   F60
X40   Z34
X40   Z32
X40   Z30
G00 X120
Z100
M05
M30
```

80

【例】用圆锥端面切削循环 G81 指令编程，轴向每次进刀 2mm，第一次进刀 3mm，如图 2-3-10 所示。

图 2-3-10

循环起点定在 X62、Z1 处，先用 CAD 绘图软件作出各循环起点位置并标注坐标值。

```
%0017
N010    M03 S600
N020    T0101
N030    G00 X62 Z0
N040    G01 X0 F60
N050    G00 X62 Z1
N060    G81 X10 Z0 K-3.15 F80
N070    X10 Z-2 K-3.15
N080    X10 Z-4 K-3.15
N090    X10 Z-6 K-3.15
N100    X10 Z-8 K-3.15
N110    X10 Z-10 K-3.15
N120    G00 X100 Z80
N130    M05
N140    M30
```

## 四、任务实施

编制图 2-3-11 所示外圆锥面的加工程序，零件毛坯为 $\phi 50mm \times 95mm$ 棒料，材料为尼龙棒，利用宇龙仿真软件进行仿真加工，之后操作数控车床，完成零件的实际加工。

图 2-3-11  外圆锥面零件图

（一）加工工艺分析

1. 分析零件图

该阶梯轴零件由直径为 φ48mm 的圆柱和锥度比为 1∶3 的圆锥组成，其表面粗糙度及尺寸公差没有特别要求，均为自由公差，零件右端面为其长度方向尺寸基准，零件总长为 75mm。

2. 确定加工方案及加工工艺路线

加工方案：分析零件图形及尺寸，采用三爪自定心卡盘夹紧工件，以轴心线和右端面的交点为编程原点。该零件是由 φ50mm 的毛坯加工到最小尺寸为 φ21mm，切削量过大，不能一刀完成，所以可以利用 G80 指令进行循环分层加工；加工精度较低，所以不分粗、精加工；粗加工每刀单边加工量选 1mm，加工结束后用切断刀保证总长。

加工工艺路线：

（1）夹持零件毛坯，伸出卡盘约 85mm（观察 Z 轴限位距离），找正并夹紧。

（2）选择 1 号外圆车刀，加工工件轮廓至尺寸。

（3）切断零件，保证总长。

（二）实施设施准备

设备型号：凯达 CK6136S 数控车床。

毛坯：φ50mm×100mm 尼龙棒。

选择工、量、刃具，见表 2-3-2 所示。

表 2-3-2　　　　　　　　　　　　工、量、刃具清单

| 种类 | 序号 | 名称 | 规格 | 精度（mm） | 单位 | 数量 |
|---|---|---|---|---|---|---|
| | | | | | | |
| 工具 | 1 | 三爪自定心卡盘 | | | 个 | 1 |
| | 2 | 卡盘扳手 | | | 副 | 1 |
| | 3 | 刀架扳手 | | | 副 | 1 |
| | 4 | 垫刀片 | 0.2～2mm | | 块 | 若干 |
| | 5 | 划线盘 | | | 个 | 1 |
| 量具 | 1 | 游标卡尺 | 0～150mm | 0.02 | 把 | 1 |
| | 2 | 百分表 | 0～10mm | 0.01 | 只 | 1 |
| 刃具 | 1 | 外圆车刀 | 95° | | 把 | 1 |
| | 2 | 外切槽刀 | 3mm | | 把 | 1 |

（三）编制加工工艺卡片（表2-3-3～表2-3-5）

表2-3-3　　　　　　　　　　　　　　数控加工刀具卡

| 产品名称或代号 | | | 零件名称 | 锥度面阶梯轴 | 零件图号 | | | |
|---|---|---|---|---|---|---|---|---|
| 序号 | 刀具号 | 刀具名称 | 数量 | 加工表面 | 刀尖半径 R（mm） | 刀尖方位 T | 备注 | |
| 1 | T0101 | 外圆粗车刀 | 1 | 粗车外轮廓 | 0.8 | 3 | 刀尖角80° 主偏角95° | |
| 2 | T0202 | 外切槽刀 | 1 | 切断 | | | 刀宽3mm，切深10mm | |
| 编制 | | 审核 | | 批准 | | 日期 | | 共　页　第　页 |

表2-3-4　　　　　　　　　　　　　　数控加工工序卡

| 单位名称 | | 产品名称或代号 | | 零件名称 | | 零件图号 | |
|---|---|---|---|---|---|---|---|
| | | | | 锥度面阶梯轴 | | | |
| 工序号 | 程序编号 | 夹具名称 | | 使用设备 | | 车间 | |
| | | 三爪自定心卡盘 | | CK6136S 数控车床 | | 数控实训基地 | |
| 工步号 | 工步内容 | 刀具号 | 刀片规格 R（mm） | 主轴转速 n（r/min） | 进给速度 $V_c$（mm/min） | 背吃力量 $a_p$（mm） | 备注 |
| 1 | 粗车外轮廓 | T0101 | 0.8 | 600 | 150 | 1.5 | |
| 2 | 切断 | T0202 | 3 | 400 | 40 | 1 | |
| 3 | 检测、校核 | | | | | | |
| | | | | | | | |
| 编制 | | 审核 | | 批准 | | 日期 | 共　页　第　页 |

表2-3-5　　　　　　　　　　　　　　数控加工程序单

程序名　O0001

| 程序段号 | 程序内容 | 说　明 |
|---|---|---|
| | ％0425 | 程序头 |
| N10 | M03　S600 | 主轴正转，600r/min |
| N20 | T0101 | 选择1号刀具，选择1号刀补 |

程序名　O0001

| 程序段号 | 程序内容 | 说明 |
|---|---|---|
| | %0425 | 程序头 |
| N30 | G00　X52　Z3 | 快速定位，靠近工件毛坯 |
| N40 | G01　Z0　F60 | 车削工件右端面至中心点 |
| N50 | X0 | |
| N60 | G01　X48　F60 | 进刀至工件 $\phi$48mm |
| N70 | G01　Z-75　F120 | 车削 $\phi$48 台阶，长度75mm |
| N80 | G00　X52　Z3 | 退刀至锥面循环起点 |
| N90 | G80　X48　Z-45　I-8　F120 | 第一次循环，直径量切深3mm |
| N100 | X46　Z-45　I-8 | 第二次循环，直径量切深3mm |
| N110 | X44　Z-45　I-8 | 第三次循环，直径量切深3mm |
| N120 | X42　Z-45　I-8 | 第四次循环，直径量切深3mm |
| N130 | X40　Z-45　I-8 | 第五次循环，直径量切深3mm |
| N140 | X38　Z-45　I-8 | 第六次循环，直径量切深3mm |
| N150 | X36　Z-45　I-8 | 第七次循环，直径量切深3mm |
| N160 | G00　X100 | 先径向快速退刀至 X100 |
| N170 | Z100 | 再轴向快速退刀至 Z100 |
| N180 | M05 | 主轴停止 |
| N190 | M30 | 程序结束 |

（四）操作数控仿真软件，完成零件仿真加工

（五）操作数控车床，完成零件实际加工

零件加工步骤如下：

（1）检查坯料尺寸。

（2）按顺序打开机床，并将机床回参考点。

（3）装夹刀具与工件。

外圆车刀按要求装于刀架 T01 号刀位，切槽刀按要求装于刀架 T02 号刀位，尼龙棒夹在三爪自定心卡盘上，伸出 70mm，找正并夹紧。

（4）手动对刀，建立工件坐标系。

采用试切法对刀，依次完成外圆车刀、切槽刀的对刀。

（5）程序输入。

（6）锁住机床，校验程序。

（7）程序校验无误后，开始加工。

（8）加工完成后，按照图纸检查零件。

（9）检查无误后，关机，清扫机床。

## 五、任务总结评价

### （一）自我评估

针对能力目标，对自己在任务实施过程中的表现给出分数（满分 100 分）以及 A 优秀、B 良好、C 合格、D 不合格等级予以客观评价。

| 知识与能力 | |
|---|---|
| 问题与建议 | |
| 自我打分：　　分 | 评价等级：　　级 |

### （二）小组评价

小组同学对该同学在任务实施过程中的表现给出分数（单项 0～20 分）及等级予以客观、合理评价。

| 独立工作能力 | 学习创新能力 | 小组发挥作用 | 任务完成 | 其　他 |
|---|---|---|---|---|
| 　分 | 　分 | 　分 | 　分 | 　分 |
| 五项总计得分：　分 | | | 评价等级：　　级 | |

### （三）教师评价

指导教师根据学生在学习及任务实施过程中的工作态度、综合能力、任务完成情况予以评价。

|  |
|---|
| 得分：　　分，评价等级：　　级 |

## 六、技能拓展

编制如图 2-3-12 所示零件加工程序，零件毛坯为 $\phi55mm \times 95mm$ 棒料，材料为尼龙棒，利用宇龙仿真软件进行仿真加工，之后操作数控车床，完成零件的实际加工。

图 2-3-12 外圆锥面零件图

# 任务 2-4 圆弧面零件加工

## 一、任务要求

圆弧面零件图和三维实体图如图 2-4-1 所示。

要求：

（1）掌握圆弧进给 G02/G03 指令及应用。

（2）掌握圆弧倒角 G02/G03 指令及应用。

图 2-4-1 圆弧面零件图和三维实体图

## 二、能力目标

（1）能对圆弧面零件进行工艺分析。

（2）能够使用圆弧进给指令 G02/G03 编程。

（3）能够通过仿真软件校验程序。

（4）能操作数控车床加工出圆弧面零件。

### 三、知识准备

（一）圆弧进给（圆弧插补指令）G02、G03

格式：$\begin{Bmatrix} G02 \\ G03 \end{Bmatrix} X(U)\_Z(W)\_\begin{Bmatrix} I\cdots K\cdots \\ R \end{Bmatrix} F\_$

其中：G02：顺时针圆弧插补（图 2-4-2）。

G03：逆时针圆弧插补（图 2-4-2）。

（a）轴正向观察　　　　　　　（b）轴负向观察

图 2-4-2　G02/G03 插补方向

说明：

圆弧插补 G02/G03 的判断是在加工平面内,根据其插补时的旋转方向为顺时针/逆时针来区分。

顺时针或逆时针是观察者从垂直圆弧所在平面坐标轴（图 2-4-2 中 $Y$ 轴）的正方向看到的回转方向。

X、Z：绝对编程时,圆弧终点在工件坐标系中的坐标。

U、W：增量编程时,圆弧终点坐标相对圆弧起点坐标的位移量。

F：被编程的两个轴的合成进给速度。

R：圆弧半径。

I、K：圆心坐标相对于圆弧起点坐标的增加量（图 2-4-3）,I、K 为圆心坐标值减去圆弧起点坐标值,包括正、负号。

图 2-4-3　增量（相对）编程 G02/G03 参数说明

在绝对、增量(相对)编程时都是以增量方式指定,在直径、半径编程时 I 都是半径值;同时编入 R 与 I、K 时,R 有效。

【例】如图 2-4-4 所示,用圆弧插补指令编程,毛坯 $\phi$35mm×90mm。

图 2-4-4

(1)编程练习(增量值编程):

| %0107 | %0207 |
|---|---|
| N01　M03 S600 | N01　T0101 |
| N02　T0101 | N02　M03 S600 |
| N03　G00 X40 Z0 | N03　G90 G00 X40 Z0 |
| N04　G01 U-40 F100 | N04　G91 G01 X-40 F100 |
| N05　U15 | N05　X15 |
| N06　W-7.5 U15 | N06　Z-7.5 X15 |
| N07　W7.5 | N07　Z7.5 |
| N08　U-30 | N08　X-30 |
| N09 G03 U30 W-15 R15 | N09　G03 X30 Z-15 R15 |
| (N09 G03 U30 W-15 I0 K-15) | (N09 G03 X30 Z-15 I0 K-15) |
| N10　G01 W-35 | N10 G01 Z-35 |
| N11　U6 | N11　X6 |
| N12 G00 X100 Z100 | N12　G90 G00 X100 Z100 |
| N13　M30 | N13　M30 |

%0307(绝对值编程)

N01　M03 S600

N02　T0101

N03　G00 X40 Z0

N04　G01 X0 F100

N05　X15

N06　X30 Z-7. 5

N07　G00 Z0

N08　X0

N09　G03 X30 Z-15 R15 F80

（N09 G03 X30 Z-15 I0 K-15）

N10　G01 Z-50

N11　X36

N12　G00 X100 Z100

N13　M30

（2）按实际加工编程。如图 2-4-5 所示，毛坯直径 $\phi35$mm，分粗、精两次切削，留精车余量 1mm。

（1）外圆粗车由 $\phi35$ 切至 31mm，切深 2mm（半径量），可一刀切除；

（2）$R15$mm 圆弧粗车至 $R15.5$mm，圆弧部分切除量较大，如图 2-4-5 所示分 4 次切削，前 3 次每次切深 4mm，切除圆弧的半径分别为 $R4$、$8$、$R12$；第 4 次切深 3.5mm，圆弧半径为 $R15.5$mm；

（3）精车直径余量 1mm，切削深度为 0.5mm，沿工件轮廓精车一次切除。

图 2-4-5

编程如下：

％0307

N01　M03 S600

N02　T0101

N03    G00 X40 Z0

N04    G01 X0 F50

N05    X31

N06    Z-50 F100

N07    G00 X36

N08    Z0

N09    G01 X23 F150

N10    G03 X31 Z-4 R4 F80                        （半径编程）

（N10    G03 X31 W-4 I0 K-4 F80）                 （圆心编程）

N11    G00 Z0

N12    G01 X15 F150

N13    G03 X31 W-8 R8 F80                        （半径编程）

（N13    G03 X31 Z-8 I0 K-8 F80）                 （圆心编程）

N14    G00 Z0

N15    G01 X7 F150

N16    G03 X31 W-12 R12 F80                      （半径编程）

（N16    G03 X31 W-12 I0 K-12 F80）               （圆心编程）

N17    G00 Z0

N18    G01 X0 F150

N19    G03 X31 Z-15.5 R15.5 F80                  （半径编程）

（N19    G03 X31 Z-15.5 I0 K-15.5 F80）           （圆心编程）

N20 G00 Z0

N21    M00                                       （程序暂停,测量工件）

N22    S1000                                      （主轴转）

N23    G01 X0 F150

N24    G03 X30 Z-15 R15 F60                      （半径编程）

（N24    G03 X30 Z-15 I0 K-15 F60）               （圆心编程）

N25    G01 Z-50

N26    X36

N27    G00 X100

N28    Z100

N29    M05

N30    M30

（二）圆弧倒角指令 G02/G03 的应用（表 2-4-1）

表 2-4-1 　　　　　　　　　　　**圆弧倒角指令 G02/G03**

| 指令 | G02/G03 |
|---|---|
| 功能 | 该指令用于圆弧后倒圆角（见图示） |
| 图示 | |
| 格式 | $\begin{Bmatrix} G02 \\ G03 \end{Bmatrix}$ X(U)＿Z(W)＿R＿$\begin{Bmatrix} RL= — \\ RC= — \end{Bmatrix}$ F— |
| 参数 | 含　义 |
| G02 | 顺时针圆弧插补 |
| G03 | 逆时针圆弧插补 |
| X、Z | 绝对值编程时，为未倒角前圆弧终点 $G$ 的坐标值 |
| U、W | 增量值编程时，为 $G$ 点相对于圆弧始点 $A$ 点的移动距离 |
| R | 圆弧半径 |
| RL | 倒角终点 $C$ 相对于未倒角前圆弧终点 $G$ 的距离 |
| RC | 倒角圆弧的半径值 |
| F | 被编程的两个轴的合成进给速度 |
| 说明 | ①在螺纹切削程序段中不得出现倒角控制指令；<br>②当 $X$ 轴、$Z$ 轴指定的移动量比指定的 RL 或 RC 小时，系统将报警，即 GA 长度必须大于 GB 长度 |

**四、任务实施**

编制如图 2-4-6 所示外圆锥面的加工程序,零件毛坯为 $\phi40\text{mm}\times80\text{mm}$ 棒料,材料为尼龙棒,利用宇龙仿真软件进行仿真加工,之后操作数控车床,完成零件的实际加工。

图 2-4-6　圆弧面零件图

(一)加工工艺分析

1. 分析零件图

该阶梯轴零件由三段直径分别为 $\phi34\text{mm}$、$\phi24\text{mm}$、$\phi14\text{mm}$ 的圆柱,顺圆弧 R5,逆圆弧 R5,以及倒角 C2 组成;其表面粗糙度及尺寸公差没有特别要求,均为自由公差;零件总长为 60 mm。

2. 确定加工方案及加工工艺路线

加工方案:分析零件图形及尺寸,采用三爪自定心卡盘夹紧工件,以轴心线和右端面的交点为编程原点,运用直线插补和圆弧插补指令完成此带圆弧阶梯轴零件的加工;但由于该零件是由 $\phi36\text{mm}$ 的毛坯加工到最小尺寸为 $\phi14\text{mm}$ 的圆柱,切削量过大,不能一刀完成,所以需要分层加工;粗加工每刀单边加工量选 1.5mm,单边留 0.25mm 的精加工余量,精加工结束后用切断刀保证总长。

加工工艺路线:

(1)夹持零件毛坯,伸出卡盘约 80mm,找正并夹紧,粗、精加工零件外轮廓。

(2)选择 1 号外圆车刀,加工工件轮廓,留 0.25mm 精车余量。

(3)选择 2 号外圆车刀,加工工件轮廓至尺寸。

(4)选择 3 号切断刀,切断零件,保证总长。

(二)实施设施准备

设备型号:凯达 CK6136S 数控车床。

毛坯:$\phi50\text{mm}\times100\text{mm}$ 尼龙棒。

选择工、量、刃具,见表 2-4-2。

表 2-4-2                                        工、量、刃具清单

| 工、量、刃具清单 | | | | 精度（mm） | 单位 | 数量 |
|---|---|---|---|---|---|---|
| 种类 | 序号 | 名称 | 规格 | | | |
| 工具 | 1 | 三爪自定心卡盘 | | | 个 | 1 |
| | 2 | 卡盘扳手 | | | 副 | 1 |
| | 3 | 刀架扳手 | | | 副 | 1 |
| | 4 | 垫刀片 | 0.2~2mm | | 块 | 若干 |
| | 5 | 划线盘 | | | 个 | 1 |
| 量具 | 1 | 游标卡尺 | 0~150mm | 0.02 | 把 | 1 |
| | 2 | 百分表 | 0~10mm | 0.01 | 只 | 1 |
| 刃具 | 1 | 外圆粗车刀 | 95° | | 把 | 1 |
| | 2 | 外圆精车刀 | 93° | | 把 | 1 |
| | 3 | 切断刀 | 3mm | | 把 | 1 |

（三）编制加工工艺卡片（表 2-4-3 ~ 表 2-4-5）

表 2-4-3                                        数控加工刀具卡

| 产品名称或代号 | | | 零件名称 | 带圆弧阶梯轴 | 零件图号 | | |
|---|---|---|---|---|---|---|---|
| 序号 | 刀具号 | 刀具名称 | 数量 | 加工表面 | 刀尖半径 $R$（mm） | 刀尖方位 $T$ | 备注 |
| 1 | T0101 | 外圆粗车刀 | 1 | 粗车外轮廓 | 0.8 | 3 | 刀尖角80°，主偏角95° |
| 2 | T0202 | 外圆精车刀 | 1 | 精车外轮廓 | 0.4 | 3 | 刀尖角35°，主偏角93° |
| 3 | T0303 | 切断刀 | 1 | 切断 | | | 刀宽3mm，切深10mm |
| 编制 | | 审核 | | 批准 | | 日期 | | 共　页 | 第　页 |

表 2-4-4 数控加工工序卡

| 单位名称 | | 产品名称或代号 | | 零件名称 | | 零件图号 | |
|---|---|---|---|---|---|---|---|
| | | | | 带圆弧阶梯轴 | | | |
| 工序号 | 程序编号 | 夹具名称 | | 使用设备 | | 车间 | |
| | | 三爪自定心卡盘 | | CK6136S 数控车床 | | 数控实训基地 | |
| 工步号 | 工步内容 | 刀具号 | 刀片规格 $R$(mm) | 主轴转速 $n$(r/min) | 进给速度 $V_c$(mm/min) | 背吃刀量 $a_p$(mm) | 备注 |
| 1 | 粗车外轮廓 | T0101 | 0.8 | 600 | 150 | 1.5 | |
| 2 | 精车外轮廓 | T0202 | 0.4 | 1000 | 80 | 0.5 | |
| 3 | 切断零件 | T0303 | 3 | 400 | 40 | 1 | |
| 4 | 检测、校核 | | | | | | |
| 编制 | | 审核 | | 批准 | | 日期 | |
| | | | | | | 共 页 | 第 页 |

表 2-4-5 数控加工程序单

程序名 O0002

| 程序段号 | 程序内容 | 说 明 |
|---|---|---|
| | %0426 | 程序头 |
| N10 | M03 S600 | 主轴正转,600r/min |
| N20 | T0101 | 选择 1 号刀具,选择 1 号刀补; |
| N30 | G00 X38 Z0 | 快速定位,靠近工件毛坯 |
| N40 | G01 X0 F100 | 车端面,进给速度为 100mm/min |
| N50 | X34.5 | 退回到粗加工的最大直径处,准备车 φ34.5 外圆 |
| N60 | Z-60 | 车 φ34.5 的外圆 |
| N70 | G00 X38 Z2 | 快速退回到定位点 |
| N80 | X29.5 | 准备车 φ29.5 外圆 |
| N90 | G01 Z-45 | 车 φ29.5 外圆 |
| N100 | G02 X34.5 Z-47.5R 2.5 | 加工一段 $R2.5$ 圆弧 |
| N110 | G00 Z2 | 快速退刀 |
| N120 | X24.5 | 准备车 φ24.5 外圆 |
| N130 | G01Z-45 | 车 φ24.5 外圆 |
| N140 | G02 X34.5 Z-50 R5 | 加工一段 $R5$ 圆弧 |
| N150 | G00 Z2 | 快速退刀 |

程序名　O0002

| 程序段号 | 程序内容 | 说明 |
|---|---|---|
| | %0426 | 程序头 |
| N160 | X19.5 | 准备车 $\phi$19.5 外圆 |
| N170 | G01　Z-25 | 车 $\phi$19.5 外圆 |
| N180 | G03　X24.5　Z-27.5　R2.5 | 加工一段 $R$2.5 圆弧 |
| N190 | G00　X26　Z2 | 快速退刀 |
| N200 | X14.5 | 准备车 $\phi$14.5 外圆 |
| N210 | G01　Z-25 | 车 $\phi$14.5 外圆 |
| N220 | G03　X24.5　Z-30　R5 | 加工一段 $R$5 圆弧 |
| N230 | G00　X100 | 径向快速退刀至 X100 |
| N240 | Z100 | 轴向快速退刀至 Z100 |
| N250 | T0202 | 换 2 号外圆精车刀,选择 2 号刀补 |
| N260 | S1000 | 主轴转速 1000r/min |
| N270 | G00　X38　Z2 | 快速至定位点 |
| N280 | X6 | 定位至倒角延长线 |
| N290 | G01　X14　Z-2　F80 | 倒角 |
| N300 | Z-25 | 精加工 $\phi$14 外圆 |
| N310 | G03　X24　Z-30　R5 | 精加工 $R$5 圆弧 |
| N320 | G01　Z-45 | 精加工 $\phi$24 外圆 |
| N330 | G02　X34　Z-50　R5 | 精加工 $R$5 圆弧 |
| N340 | G01　Z-60 | 精加工 $\phi$34 外圆 |
| N350 | G00　X100 | 径向快速退刀至 X100 |
| N360 | Z100 | 轴向快速退刀至 Z100 |
| N370 | T0303 | 换 3 号切断刀,选择 3 号刀初 |
| N380 | S400 | 主轴转速 400r/min |
| N390 | G00　X38 | 切断刀径向定位 |
| N400 | Z-65 | 切断刀轴向定位 |
| N410 | G01　X-1　F40 | 切断,进给速度为 40mm/min |
| N420 | G00　X100 | 径向快速退刀至 X100 |
| N430 | Z100 | 轴向快速退刀至 Z100 |
| N440 | M05 | 主轴停止 |
| N450 | M30 | 程序结束 |

（四）操作数控仿真软件，完成零件仿真加工

（五）操作数控车床，完成零件实际加工

零件加工步骤如下：

（1）检查坯料尺寸。

（2）按顺序打开机床，并将机床回参考点。

（3）装夹刀具与工件。

1 号外圆粗车刀按要求装于刀架 T01 号刀位，2 号外圆精车刀按要求装于刀架 T02 号刀位，3 号切断刀按要求装于刀架 T03 号刀位，尼龙棒夹在三爪自定心卡盘上，伸出 80mm，找正并夹紧。

（4）手动对刀，建立工件坐标系。

采用试切法对刀，依次完成外圆粗车刀、外圆精车刀、切断刀对刀。

（5）输入程序。

（6）锁住机床，校验程序。

（7）程序校验无误后，开始加工。

（8）加工完成后，按照图纸检查零件。

（9）检查无误后，关机，清扫机床。

## 五、任务总结评价

（一）自我评估

针对能力目标，对自己在任务实施过程中的表现给出分数（满分 100 分）以及 A 优秀、B 良好、C 合格、D 不合格等级予以客观评价。

| 知识与能力 | |
|---|---|
| | |
| | |
| 问题与建议 | |
| | |
| | |
| 自我打分：　　分 | 评价等级：　　级 |

（二）小组评价

小组同学对该同学在任务实施过程中的表现给出分数（单项 0～20 分）及等级予以客观、合理评价。

| 独立工作能力 | 学习创新能力 | 小组发挥作用 | 任务完成 | 其  他 |
|---|---|---|---|---|
| 分 | 分 | 分 | 分 | 分 |
| 五项总计得分：    分 | | | 评价等级：    级 | |

**（三）教师评价**

指导教师根据学生在学习及任务实施过程中的工作态度、综合能力、任务完成情况予以评价。

得分：    分，评价等级：    级

## 六、技能拓展

编制图 2-4-7 所示零件的加工程序，零件毛坯为 φ85mm×150mm 棒料，材料为尼龙棒，利用宇龙仿真软件进行仿真加工，操作数控车床完成零件的实际加工。

图 2-4-7  圆弧零件图

## 任务 2-5  多阶梯轴零件加工

### 一、任务要求

多阶梯轴零件图和三维实体图，如图 2-5-1 所示。要求：

（1）掌握内（外）径粗车复合循环 G71 指令及应用。

（2）掌握闭环车削复合循环 G73 指令及应用。

（3）会进行编程尺寸的计算。

图 2-5-1　多阶梯轴零件图和三维实体图

**二、能力目标**

（1）能够使用 G71、G73 编制程序。

（2）能够通过仿真软件校验程序。

（3）能操作数控车床加工出多阶梯轴零件。

**三、知识准备**

（一）内（外）径粗车复合循环 G71 指令

（1）无凹槽加工时指令格式：

G71　U($\Delta$d)　R(r)　P(ns)　Q(nf)　X($\Delta$x)　Z($\Delta$z)　F(f)　S(s)　T(t)

该指令执行如图 2-5-2 所示的粗加工和精加工，循环起点在 A 点：粗加工循环时每次进刀量（切削深度）为 $\Delta$d，退刀量为 r；精加工路径为：A→A'→B'→B。

图 2-5-2　内、外径粗车复合循环

指令格式中：

Δd：切削深度（每次切削量，Δ*d* 为半径值），指定时不加符号，方向由矢量 **AA′** 决定；

r：每次退刀量（半径值）；

ns：精加工路径第一程序段（图中 *A A′*）的顺序号；

nf：精加工路径最后程序段（图中 *B′B*）的顺序号；

Δx：*X* 方向精加工余量（直径量）；

Δz：*Z* 方向精加工余量；

f、s、t：粗加工时 G71 中编程 F、S、T 有效，而精加工时处于 ns 到 nf 程序段之间 F、S、T 有效。

G71 切削循环下，切削进给方向平行 *Z* 轴，指令中 *X*（Δx）和 *Z*（Δz）的符号如图 2-5-3 所示，其中（+）表示沿轴正方向移动，（-）表示沿轴负方向移动。

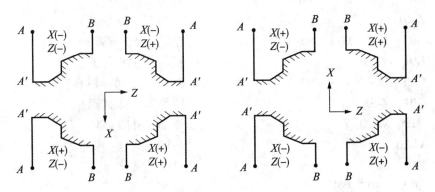

图 2-5-3　G71 复合循环下 X(Δx) 和 Z(Δz) 的符号

【例】用 G71 外圆粗车复合循环指令编程。

分析（图 2-5-4）：

图 2-5-4

毛坯直径 $\phi48$mm，端面已加工；循环起点 $A$ 确定在（X50，Z3）；切削深度 $\Delta d$ 为 1.5mm（半径量），退刀量 $r$ 为 1mm；$X$ 方向精加工余量 $\Delta x$ 为 0.4mm，$Z$ 方向精加工余量 $\Delta z$ 为 0.1mm。

编程如下：

%0019

| | | |
|---|---|---|
| N01 | T0101 | （选择 1 号刀具） |
| N02 | G00  X80  Z80 | （移动到程序起点位置） |
| N03 | M03  S400 | （主轴以 400r/min 正转） |
| N04 | G00  X50  Z3 | （刀具到循环起点位置） |
| N05 | G71  U1.5  R1  P6  Q14  X0.4  Z0.1  F100 | （G71 循环） |
| N06 | G00  X0 | （精加工轮廓起始行，到倒角延长线） |
| N07 | G01  X10  Z-2  F80 | （精加工倒角） |
| N08 | Z-20 | （精加工 $\phi10$ 外圆） |
| N09 | G02  U10  W-5  R5 | （精加工 $R5$ 圆弧） |
| N10 | G01  W-10 | （精加工 $\phi20$ 外圆） |
| N11 | G03  U14  W-7  R7 | （精加工 $R7$ 圆弧） |
| N12 | G01  Z-52 | （精加工 $\phi34$ 外圆） |
| N13 | U10  W-10 | （精加工外圆锥） |
| N14 | W-20 | （精加工 $\phi44$ 外圆，精加工轮廓结束） |
| N15 | X50 | （退出已加工面） |
| N16 | G00  X80  Z80 | （回对刀点） |
| N17 | M05 | （主轴停） |
| N18 | M30 | （主程序结束并复位） |

（2）有凹槽加工时指令格式：

G71  U($\Delta d$)  R(r)  P(ns)  Q(nf)  E(e)  F(f)  S(s)  T(t)

该指令执行图 2-5-5 所示的粗加工和精加工，其中精加工路径为 $A \rightarrow A' \rightarrow B' \rightarrow B$。

指令格式中：

$\Delta d$：切削深度（每次切削量），指定时不加符号，方向由矢量 $AA'$ 决定；

r：每次退刀量；

ns：精加工路径第一程序段（图中 $AA'$）的顺序号；

nf：精加工路径最后程序段（图中 $CB'$）的顺序号；

e：精加工余量，其为 $X$ 方向的等高距离；外径切削为正，内径切削为负；

f、s、t：粗加工时 G71 中编程 F、S、T 有效，而精加工时处于 ns 到 nf 程序段之间 F、S、T 有效。

注意：①G71 指令必须带有 P、Q 地址 ns、nf，且与精加工路径起、止顺序号对应，否则不能进行该循环加工。

②ns 的程序段必须是 G00 或 G01 指令，即从 $A$ 到 $A'$ 的动作必须是直线或点定位运动。

③在顺序号为 ns 到顺序号为 nf 的程序段中，不应包含子程序。

图 2-5-5   内（外）径粗车复合循环 G71

④ G71 指令后的进给速度 F 不能省略，ns 和 nf 间的程序段号可以省略。

【例】用有凹槽的 G71 外圆粗车复合循环编程（图 2-5-6）。

图 2-5-6

分析：毛坯直径 $\phi$40mm，端面在对刀时已经加工，循环起点确定在（X42，Z3）；

切削深度（半径量）为 1mm，退刀量为 1mm；

精加工余量：X 方向的等高距离 $e$ 为 0.3mm；

注意选择合适的刀具，以免在切削倒锥和 R10 圆弧时发生干涉。

（若 G71 指令不运行，软件仿真时将指令中的 E 换成 X 和加 Z0）

编程如下：

%0021

N01　T0101　　　　　　　　　　　　（换 1 号刀）

N02  G00  X80  Z100                  （到程序起点位置或换刀点位置）

N03  M03  S400                       （主轴以 400r/min 正转）

N04  G00  X42  Z3                    （到循环起点位置）

N05  G71  U1  R1  P9  Q19  E0.3  F100      （凹槽的 G71 循环）

N06  G00  X80  Z100                  （粗加工后，到换刀点位置）

N07  T0202                           （换 2 号刀）

N08  G00  G42  X42  Z3               （二号刀加入刀尖圆弧半径补偿）

N09  G00  X10                        （精加工轮廓开始，到倒角延长线）

N10  G01  X20  Z-2  F80              （精加工 2×45° 倒角）

N11  Z-8                             （精加工 φ20 外圆）

N12  G02  X28  Z-12  R4              （精加工 R4 圆弧）

N13  G01  Z-17                       （精加工 φ28 外圆）

N14  U-10  W-5                       （精加工下切圆锥）

N15  W-8                             （精加工 φ18 外圆）

N16  U8.66  W-2.5                    （精加工上切圆锥）

N17  Z-37.5                          （精加工 φ26.66 外圆）

N18  G02  X30.66  W-14  R10          （精加工 R10 圆弧）

N19  G01  W-10                       （精加工 φ30.66 外圆）

N20  X42                             （退出已加工面，精加工轮廓结束）

N21  G00  G40  X80  Z100             （取消半径补偿，返回换刀点位置）

N22  M30                             （主轴停，主程序结束并复位）

（二）闭环车削复合循环 G73

格式：G73  U($\Delta$I)  W($\Delta$K)  R(r)  P(ns)  Q(nf)  X($\Delta$x)  Z($\Delta$z)  F(f)  S(s)  T(t)

说明：该功能在切削工件时刀具的轨迹如图 2-5-7 所示为一封闭回路，刀具逐渐进给，使封闭切削回路向零件最终形状靠近，最终切削成工件的形状，其精加工路径为 $A \rightarrow A' \rightarrow B' \rightarrow B$。

该指令能对铸件、锻件及粗加工中已初步成形的工件进行高效率切削。

指令格式中：

$\Delta$I：$X$ 轴方向的粗加工总余量（半径量）；

$\Delta$K：$Z$ 轴方向的粗加工总余量；

r：粗切削次数；

ns：精加工路径第一程序段（图 2-5-7 中 $AA'$）的顺序号；

nf：精加工路径最后程序段（图 2-5-7 中 $BB'$）的顺序号；

$\Delta$x：$X$ 方向精加工余量（直径量）；

$\Delta$z：$Z$ 方向精加工余量；

f、s、t：粗加工时 G73 中编程 F、S、T 有效，而精加工时处于 ns 到 nf 程序段之间 F、S、T 有效。

图 2-5-7 闭环车削复合循环 G73

注意：ΔI 和 ΔK 表示粗加工时总的切削量，粗加工次数为 r，则每次 X、Z 方向的切削量为 ΔI/r 和 ΔK/r；

按 G73 程序段的 P 和 Q 指令值实现循环加工，要注意 Δx、Δz 和 ΔI、ΔK 的正负号。

【例】编制如图 2-5-8 所示零件的加工程序，其中虚线部分为工件毛坯。设切削起点在 A（60，5）处；

X、Z 方向粗加工余量分别为 3mm、0.9mm，粗加工次数为 3 次；

X、Z 方向精加工余量分别为 0.6mm、0.1mm。

图 2-5-8

编程如下：

%0022

N01　T0101　　　　　　　　　　　　（换 1 号刀）

N02　M03 S400　　　　　　　　　　　（主轴正转，400r/min）

| | | |
|---|---|---|
| N03 | G00 X80 Z80 | （到程序起点位置） |
| N04 | G00 X60 Z5 | （到循环起点位置） |
| N05 | G73 U3 W0.9 R3 P6 Q14 X0.6 Z0.1 F120 | （G73 闭环粗车循环） |
| N06 | G00 X0 Z3 | （精加工轮廓开始，到倒角延长线处） |
| N07 | G01 U10 Z-2 F80 | （精加工倒角） |
| N08 | Z-20 | （精加工 $\phi$10 外圆） |
| N09 | G02 U10 W-5 R5 | （精加工 $R5$ 圆弧） |
| N10 | G01 Z-35 | （精加工 $\phi$20 外圆） |
| N11 | G03 U14 W-7 R7 | （精加工 $R7$ 圆弧） |
| N12 | G01 Z-52 | （精加工 $\phi$34 外圆） |
| N13 | U10 W-10 | （精加工锥面） |
| N14 | U10 | （退出已加工表面，精加工轮廓结束） |
| N15 | G00 X80 Z80 | （返回程序起点位置） |
| N16 | M05 M30 | （主轴停，主程序结束并复位） |

**四、任务实施**

图 2-5-9　多阶梯轴零件图

编制如图 2-5-9 所示零件的加工程序，零件毛坯为 $\phi$45mm×90mm 棒料，材料为尼龙棒，利用宇龙仿真软件进行仿真加工，之后操作数控车床上完成零件的实际加工。

（一）加工工艺分析

1. 分析零件图

该阶梯轴零件由三段直径分别为 $\phi$40mm、$\phi$32mm、$\phi$20mm 的圆柱，以及锥度比为 8∶15 的圆锥、顺圆弧 $R4$、逆圆弧 $R4$ 组成。零件表面有尺寸公差要求，台阶直径公差为±0.05mm，长度公差为±0.1mm，所以按照先粗后精的加工原则进行零件车削。零件右端面为其长度方向尺寸基准，零件总长为60mm。

2. 确定加工方案及加工工艺路线

加工方案：分析零件图形及尺寸，采用三爪自定心卡盘夹紧工件，以轴心线和右端面的交点为编程原点。该零件采用 G71 内（外）径粗车复合循环指令进行循环分层加工；粗加工每刀单边加工量选 1.5mm，加工结束后用切断刀保证总长。

加工工艺路线：

（1）夹持零件毛坯，伸出卡盘约70mm（观察 Z 轴限位距离），找正并夹紧。

（2）选择1号外圆车刀，加工工件轮廓至尺寸。

（3）选择 2 号外切断刀，切断零件，保证总长。

**（二）实施设施准备**

设备型号：凯达 CK6136S 数控车床。

毛坯：$\phi$45mm×80mm 尼龙棒。

选择工、量、刃具，见表 2-5-1。

表 2-5-1　　　　　　　　　　　　**工、量、刃具清单**

| 工、量、刃具清单 | | | | 精度（mm） | 单位 | 数量 |
|---|---|---|---|---|---|---|
| 种类 | 序号 | 名称 | 规格 | | | |
| 工具 | 1 | 三爪自定心卡盘 | | | 个 | 1 |
| | 2 | 卡盘扳手 | | | 副 | 1 |
| | 3 | 刀架扳手 | | | 副 | 1 |
| | 4 | 垫刀片 | 0.2～2mm | | 块 | 若干 |
| | 5 | 划线盘 | | | 个 | 1 |
| 量具 | 1 | 游标卡尺 | 0～150mm | 0.02 | 把 | 1 |
| | 2 | 百分表 | 0～10mm | 0.01 | 只 | 1 |
| 刃具 | 1 | 外圆车刀 | 95° | | 把 | 1 |
| | 2 | 外切断刀 | 3mm | | 把 | 1 |

**（三）编制加工工艺卡片（表 2-5-2～表 2-5-4）**

表 2-5-2　　　　　　　　　　　　　　**数控加工刀具卡**

| 产品名称或代号 | | | 零件名称 | 多阶梯轴 | 零件图号 | | |
|---|---|---|---|---|---|---|---|
| 序号 | 刀具号 | 刀具名称 | 数量 | 加工表面 | 刀尖半径 $R$（mm） | 刀尖方位 $T$ | 备注 |
| 1 | T0101 | 外圆车刀 | 1 | 粗、精车外轮廓 | 0.8 | 3 | 刀尖角80°主偏角95° |
| 2 | T0202 | 外切断刀 | 1 | | | | 刀宽3mm |
| 编制 | | 审核 | | 批准 | | 日期 | | 共　页 | 第　页 |

表 2-5-3　　　　　　　　　　　　　　　数控加工工序卡

| 单位名称 | | 产品名称或代号 | | 零件名称 | | 零件图号 | |
|---|---|---|---|---|---|---|---|
| | | | | 各阶梯轴 | | | |
| 工序号 | 程序编号 | 夹具名称 | | 使用设备 | | 车间 | |
| | | 三爪自定心卡盘 | | CK6136S 数控车床 | | 数控实训基地 | |
| 工步号 | 工步内容 | 刀具号 | 刀片规格 $R$(mm) | 主轴转速 $n$(r/min) | 进给速度 $V_c$(mm/min) | 背吃刀量 $a_p$(mm) | 备注 |
| 1 | 粗、精车外轮廓 | T0101 | 0.8 | 600 | 150 | 1.5 | |
| 2 | 切断零件 | T0202 | 3 | 400 | 40 | 1 | |
| 3 | 检测、校核 | | | | | | |
| | | | | | | | |
| 编制 | | 审核 | | 批准 | | 日期 | 共　页　第　页 |

表 2-5-4　　　　　　　　　　　　　　　数控加工程序单

程序名　O0001

| 程序段号 | 程序内容 | 说　明 |
|---|---|---|
| | %0425 | 程序头 |
| N10 | M03　S600 | 主轴正转,600r/min |
| N20 | T0101 | 选择换 1 号刀具,选择 1 号刀补 |
| N30 | G00　X47　Z2 | 快速定位,靠近工件毛坯 |
| N40 | G71U1.5　R1　P50　Q140　X0.5　Z0.3　F150 | G71 循环 |
| N50 | G01　X0　F60 | 精加工轮廓起始行至工件原点 |
| N60 | Z0 | |
| N70 | X12 | 精加工至圆弧 $R4$ 起点 |
| N80 | G03　X20　Z-4　R4 | 精加工 $R4$ 圆弧 |
| N90 | G01　Z-13 | 精加工 $\phi20$ 外圆 |
| N100 | X24 | 精加工至锥面起点 $\phi24$ |
| N110 | X32　W-15 | 精加工圆锥面 |
| N120 | W-8 | 精加工 $\phi32$ 外圆 |

程序名　O0001

| 程序段号 | 程序内容 | 说　　明 |
|---|---|---|
| | %0425 | 程序头 |
| N130 | G02　X40　W-4　R4 | 精加工 R4 圆弧 |
| N140 | G01　Z-60 | 精加工 $\phi$40 外圆,至轮廓结束 |
| N150 | X50 | 退出已加工表面 |
| N160 | G00　X100 | 先径向快速退刀至 X100 |
| N170 | Z100 | 再轴向快速退刀至 Z100 |
| N180 | T0202 | 换 2 号切断刀,选择 2 号刀初 |
| N190 | S400 | 主轴转速,400r/min |
| N200 | G00　X46 | |
| N210 | Z-63 | 快速点位至切断处 Z-63mm |
| N220 | G01　X-1　F40 | 切断零件 |
| N230 | G00　X100 | 先径向快速退刀至 X100 |
| N240 | Z100 | 再轴向快速退刀至 Z100 |
| N250 | M05 | 主轴停止 |
| N260 | M30 | 程序结束 |

（四）操作数控仿真软件,完成零件仿真加工

（五）操作数控车床,完成零件实际加工

零件加工步骤如下:

（1）检查坯料尺寸。

（2）按顺序打开机床,并将机床回参考点。

（3）装夹刀具与工件。

外圆车刀按要求装于刀架 T01 号刀位,外切槽（断）刀按要求装于刀架 T02 号刀位,尼龙棒夹在三爪自定心卡盘上,伸出 70mm,找正并夹紧。

（4）手动对刀,建立工件坐标系。

采用试切法对刀,依次完成外圆车刀、外切槽刀的对刀。

（5）输入程序。

（6）锁住机床,校验程序。

（7）程序校验无误后,开始加工。

（8）加工完成后,按照图纸检查零件。

（9）检查无误后,关机,清扫机床。

## 五、任务总结评价

### （一）自我评估

针对能力目标，对自己在任务实施过程中的表现给出分数（满分100分）以及A优秀、B良好、C合格、D不合格等级予以客观评价。

| 知识与能力 | |
|---|---|
| | |
| | |
| | |
| 问题与建议 | |
| | |
| | |
| 自我打分：　　分 | 评价等级：　　级 |

### （二）小组评价

小组同学对该同学在任务实施过程中的表现给出分数（单项0~20分）及等级予以客观、合理评价。

| 独立工作能力 | 学习创新能力 | 小组发挥作用 | 任务完成 | 其　他 |
|---|---|---|---|---|
| 分 | 分 | 分 | 分 | 分 |
| 五项总计得分：　　分 | | | 评价等级：　　级 | |

### （三）教师评价

指导教师根据学生在学习及任务实施过程中的工作态度、综合能力、任务完成情况予以评价。

|  |
|---|
| 得分：　　分，评价等级：　　级 |

## 六、技能拓展

编制如图2-5-10所示多梯轴零件的粗、精加工程序，零件毛坯为 $\phi85mm×95mm$ 棒料，材料为尼龙棒，利用宇龙仿真软件进行仿真加工，操作数控车床完成零件的实际加工。

图 2-5-10　多阶梯轴零件图

# 任务 2-6　螺纹零件加工

## 一、任务要求

外螺纹零件图和三维实体图如图 2-6-1 所示，要求：

（1）掌握螺纹切削 G32 指令及应用。

（2）掌握螺纹切削循环 G82 指令及应用。

（3）掌握螺纹切削复合循环 G76 指令及应用。

（4）会计算圆柱螺纹和圆锥螺纹尺寸。

图 2-6-1　外螺纹零件图和三维实体图

## 二、能力目标

（1）能够制定圆柱螺纹和圆锥螺纹加工工艺。

（2）能够使用 G32、G82、G76 编制程序。

（3）掌握外螺纹车刀安装、对刀及校验方法。

（4）能够通过仿真软件校验程序。

（5）能操作数控车床加工出圆柱螺纹和圆锥螺纹。

### 三、知识准备

**（一）螺纹切削 G32**

格式：G32　X(U)　Z(W)　R　E　C　P　F

说明：X、Z：绝对编程时，有效螺纹终点工件坐标系中的坐标；

U、W：增量编程时，有效螺纹终点相对于螺纹起点的位移量；

R、E：螺纹切削的退尾量，R 表示 Z 向退尾，E 表示 X 向退尾，R、E（不论绝对或相对编程）以增量方式指定，R 一般取 0.75～1.75 倍螺距，E 取螺纹的牙型高，使用 R、E 可免去退刀槽；R、E 为正（负）时表示沿 X、Z 轴正（负）向回退，R、E 可省略；

C：螺纹头数，省略 C 或 C 为 0、1 时，切削单头螺纹；

P：主轴基准脉冲处距离螺纹切削起始点的主轴转角；

F：螺纹导程（主轴转一转，刀具相对工件的进给量）。

G32 指令可以加工公制、英制的等螺距直螺纹、锥螺纹及内、外螺纹等，如图 2-6-2、图 2-6-3 所示。

图 2-6-2　螺纹切削参数

图 2-6-3　锥螺纹切削参数

　　螺纹车削为成形加工，切削进给量大，且螺纹刀具强度较差，一般要分数次进给加工，要合理分配每次切削的进刀量，第一次进刀应大些，以后依次减少。

　　螺纹车削次数和每次进刀量可计算或查表得到。

　　1. 螺纹小径计算（图2-6-4）

$$d_1 = d - 1.0825P$$

　　其中，$d_1$——螺纹小径；

　　　　　$d$——螺纹大径；

　　　　　$P$——螺距。

图2-6-4

　　除计算小径 $d_1$ 外，还需要计算 $d_2$，$d_3\cdots$。$d_2$，$d_3\cdots$ 分别为每次进刀时，刀尖（刀位点）在 $X$ 方向的坐标位置。

　　2. 常用螺纹切削的进给次数与吃刀量（表2-6-1）

表2-6-1　　　　　　　　　　常用螺纹切削的进给次数与吃刀量　　　　　　　（单位：mm）

| 螺　　距 | | 米　　制　　螺　　纹 | | | | | | |
|---|---|---|---|---|---|---|---|---|
| 螺　　距 | | 1.0 | 1.5 | 2 | 2.5 | 3 | 3.5 | 4 |
| 牙深（半径量） | | 0.649 | 0.974 | 1.299 | 1.624 | 1.949 | 2.273 | 2.598 |
| 切削次数及吃刀量（直径量） | 1次 | 0.7 | 0.8 | 0.9 | 1.0 | 1.2 | 1.5 | 1.5 |
| | 2次 | 0.4 | 0.6 | 0.6 | 0.7 | 0.7 | 0.7 | 0.8 |
| | 3次 | 0.2 | 0.4 | 0.6 | 0.6 | 0.6 | 0.6 | 0.6 |
| | 4次 | | 0.16 | 0.4 | 0.4 | 0.4 | 0.6 | 0.6 |
| | 5次 | | | 0.1 | 0.4 | 0.4 | 0.4 | 0.4 |
| | 6次 | | | | 0.15 | 0.4 | 0.4 | 0.4 |
| | 7次 | | | | | 0.2 | 0.2 | 0.4 |
| | 8次 | | | | | | 0.15 | 0.3 |
| | 9次 | | | | | | | 0.2 |

　　注意：（1）加工螺纹时，必须使转速保持不变，不得使用恒线速切削。

　　（2）在没有停止主轴时，不允许停止螺纹切削，螺纹切削时，进给保持无效，若按下进给保持键，则在切削完螺纹后停止运动。

　　（3）在螺纹切削开始和结束时，由于升速及降速原因，会使切入、切出部分的导程不正常，应设置足够升速进刀段和降速退刀段，以消除伺服滞后造成的螺距误差，故指令的螺纹长度比实际长度要长。

　　按经验，升速长度 $\delta$ 取 1~2 倍螺距，降速长度 $\delta'$ 取 0.5 倍螺距以上。

　　一般升速长度大于 1.3mm，升速、降速长度常取 2~5mm。

　　【例】如图2-6-5所示零件，外圆、槽及倒角已经加工，用 G32 指令编程加工 *M24×*

1.5 圆柱螺纹。

(1) 螺纹导程为 1.5mm，查表确定分 4 次切削：

第一次切削 0.8 mm，　$X$ 为 23.2；

第二次切削 0.6 mm，　$X$ 为 22.6；

第三次切削 0.4 mm，　$X$ 为 22.2 ；

第四次切削 0.16mm，　$X$ 为 22.04。

(2) 取升速长度 $\delta = 3$mm，降速长度 $\delta' = 1.5$mm。

(3) 选择 3 号螺纹刀加工螺纹。

编程如下：

%0010

N01　M03 S300

N02　T0303

N03　G00 X38 Z3

N04　G01 X23.2 F100

N05　G32 Z-23.5F1.5

N06　G00 X25

N07　Z3

N08　X22.6

N09　G32 Z-23.5 F1.5

N10　G00 X25

N11　Z3

N12　X22.2

N13　G32 Z-23.5 F1.5

N14　G00 X25

N15　Z3

N16　X22.04

N17　G32 Z-23.5 F1.5

N18　G00 X80

N19　Z100

N20　M30

图 2-6-5

【例】如图 2-6-6 所示零件，外圆和倒角已加工，本工序切槽和切削双头圆柱螺纹。

选择 2 号刀为切槽刀，刀宽 3mm；3 号刀为螺纹刀。

螺距为 1.5mm，分 4 次切削，进刀量（直径值）分别为：0.8mm、0.6mm、0.4mm、0.16mm。

螺纹时切削 $X$ 坐标值：①X29.2，②X28.6，③X28.2，④X28.04。

双头柱螺纹：$C = 2$，$P = 180$。

螺纹导程：$F = 2 \times$ 螺距 $= 3$mm。

取 $\delta = \delta' = 2$mm。

编程如下：

图 2-6-6

%0011

N01　　M03 S400

N02　　T0202

N03　　G00 X100 Z200

N04　　Z37 X50

N05　　X32

N06　　G01 X24 F50

N07　　G00 X32

N08　　W-2.3

N09　　G01 X24

N10　　G00 X32

N11　　W-2.3

N12　　G01 X24

N13　　G00 X32

N14　　W-2.4

N15　　G00 X100

N16　　Z200

N17　　T0303

N18　　G00 Z122 X100

N19　　X32

N20　　X29.2

N21　　G32 Z38 C2 P180 F3

N22　　G00 X32

N23　　Z122

N24　　X28.6

N25　　G32 Z38 C2 P180 F3

N26　　G00 X32

N27　　Z122

N28    X28.2

N29    G32 Z38 C2 P180 F3

N30    G00 X32

N31    Z122

N32    X28.04

N33    G32 Z38 C2 P180 F3

N34    G00 X100

N35    Z200

N36    M05

N37    M30

（二）螺纹切削循环 G82 指令

1. 直螺纹切削循环

格式：G82  X  Z  R  E  C  P  F

图 2-6-7   直螺纹切削循环

说明：X、Z：绝对编程时，螺纹终点 C 工件坐标系中的坐标；增量编程时，切削终点 C 相对循环起点 A 的有向距离，图中用 U、W 表示，其符号由轨迹 A→B 和 B→C 的方向确定，沿坐标轴正方向为正，反之为负；二轴坐标必须齐备，相对坐标不能为零（图 2-6-7）。

R、E：螺纹切削的退尾量，R 表示 Z 向退尾，E 表示 X 向退尾；

R、E（不论绝对或相对编程）以增量方式指定，R 一般取 0.75～1.75 倍螺距，E 取螺纹的牙型高，使用 R、E 可免去退刀槽；R、E 为正（负）时表示沿 X、Z 轴正（负）向回退，R、E 可省略。

C：多头螺纹的头数，为 1 或 0 时切削单头螺纹。

P：单头螺纹切削时，主轴基准脉冲处距离切削起始点的主轴转角（缺省值为 0）；多头螺纹切削时，相邻螺纹头的切削起始点之间对应的主轴转角。

F：螺纹导程。

刀尖运动轨迹如图 2-6-8 所示。

### 2. 锥螺纹切削循环

格式：G82 X Z I R E C P F

说明：I：螺纹起点 $B$ 与螺纹终点 $C$ 的半径差，其正、负号为差的符号（无论是绝对值还是增量值编程）。

其余参数含义同直螺纹切削循环。

如图 2-6-9 所示，刀尖轨迹：按 $A \to B \to C \to D \to A$ 轨迹运行；

F：按导程运行；

R：快速运行。

刀尖轨迹：按 $A \to B \to C \to D \to A$ 轨迹运行

F：按导程运行    R：快速运行

图 2-6-8 直螺纹切削循环

图 2-6-9 锥螺纹切削循环

注意：G82 螺纹切削循环同 G32 螺纹切削一样，在进给保持状态下，该循环指令在完成全部动作之后才停止运动。

【例】用 G82 指令编程，毛坯外形已加工完成（图 2-6-10）。

图 2-6-10 G82 切削循环编程实例

编程如下：

%0018

N01　T0303　　　　　　　　　　（选择 3 号螺纹刀）

| N02 | M03 S300 | （主轴正转 300r/min） |
|---|---|---|
| N03 | G00 X32 Z123 | （刀具定位到循环起点） |
| N04 | G82 X29.2 Z38 C2 P180 F3 | （第一次切螺纹切深 0.8mm） |
| N05 | X28.6 Z38 C2 P180 F3 | （第二次切螺纹切深 0.6mm） |
| N06 | X28.2 Z38 C2 P180 F3 | （第三次切螺纹切深 0.4mm） |
| N07 | X28.04 Z38 C2 P180 F3 | （第四次切螺纹切深 0.16mm） |
| N08 | G00 X100 | （退刀） |
| N09 | Z200 | （返回换刀点） |
| N10 | M30 | （主轴停，程序结束并复位） |

注：螺纹的每次切深量为直径量。

（三）螺纹切削复合循环 G76

格式：G76 C(c) R(r) E(e) A(a) X(x) Z(z) I(i) K(k) U(d) V($\Delta d_{min}$) Q($\Delta d$) P(p) F(L)

说明：螺纹切削固定循环 G76 指令执行如图 2-6-11 所示的加工轨迹，图中，$B$ 到 $C$ 点的切削速度由 F 代码指定，其他轨迹均为快速进给，其单边切削及参数如图 2-6-12 所示。

图 2-6-11　螺纹切削复合循环 G76

图 2-6-12　G76 循环单边切削及其参数

指令中：

c：精整次数（1～99）模态值。

r：螺纹 $Z$ 向退尾长度（00～99），模态值。

e：螺纹 $X$ 向退尾长度（00～99），模态值。

a：刀尖角度（螺纹牙形角），模态值，在 80°、60°、55°、30°、29° 和 0° 六个角度中选一个，一般为 60°。

x、z：绝对编程时，为有效螺纹终点 $C$ 在工件坐标系中的坐标。

增量编程时，为有效螺纹终点 $C$ 相对于循环起点 $A$ 的坐标。

i：锥螺纹始点与终点的半径差；i =0 时为直（圆柱）螺纹切削方式。

k：螺纹高度，该值由 $X$ 轴方向的半径值指定。

$\Delta d_{min}$：最小背吃刀量（半径值），当第 $n$ 次背吃刀量 $\Delta d\sqrt{n}-\Delta d\sqrt{n-1}$ 小于 $\Delta d_{min}$ 时，则背吃刀量设定为 $\Delta d_{min}$。

d：精加工余量（半径值）。

$\Delta d$：第一次背吃刀量（半径值）。

$P$：主轴基准脉冲处距离切削起始点的主轴转角。

$L$：螺纹导程，即主轴旋转一周，刀具相对工件的进给量。

注意：（1）按 G76 程序段中的 X（x）和 Z（z）指令实现循环加工，增量编程时，要注意 U 和 W 的正负（由刀具轨迹 $AB$ 和 $CD$ 段的方向确定）。

（2）G76 循环进行单边切削，减小了刀尖的受力。

（3）第一次切削时背吃刀量为 $\Delta d$，第 $n$ 次切削时背吃刀量为 $\Delta d\sqrt{n}$，每次循环的背吃刀量为 $\Delta d\sqrt{n}-\Delta d\sqrt{n-1}$ 或 $\Delta d(\sqrt{n}-\sqrt{n-1})$。

【例】编制如图 2-6-13 所示零件的加工程序。

外形部分用 G71 指令编程，螺纹部分用 G76 指令编程，毛坯直径 $\phi35$mm，1 号刀车外圆，3 号刀切削螺纹。

根据螺距为 2mm 查表，牙深（半径量）为 1.299mm。

图 2-6-13

编程如下：

%0023

N010　M03　S800

N020　T0101

N030　G00　X40　Z5

N040　X37

N050　G71　U1.5　R1　P060　Q150　X0.5　F100

N060　G00　X0

```
N070    G01    Z0    F80
N080    X10
N090    X14    Z-2
N100    Z-28
N110    X19
N120    G03    X25    W-3    R3
N130    G01    W-9. 5
N140    G03    X30    Z-48    R12. 5
N150    G01    Z-70
N160    G00    X100    Z100
N170    T0303
N180    G00    X40    Z3
N190    X16
N200    S500
N210    G76    C2    A60    X11. 402    Z-18    K1. 299    U0. 1    V0. 1    Q0. 8    F2
N220    G00    X100
N230    Z100
N240    M05
N250    M30
```

**四、任务实施**

编制图 2-6-14 所示外螺纹零件的加工程序，零件毛坯为 φ32mm×80mm 棒料，材料为尼龙棒，利用宇龙仿真软件进行仿真加工，之后操作数控车床，完成车削零件的实际加工。

图 2-6-14　外螺纹零件图

（一）加工工艺分析
1. 分析零件图

该阶梯轴零件由两段直径分别为 $\phi$30mm、$\phi$16mm 的圆柱，以及槽宽为 3mm 的沟槽、螺纹 M20×2-6g，倒角 C2 组成，其表面粗糙度及尺寸公差没有特别要求，均为自由公差，零件右端面为其长度方向尺寸基准，零件总长为 48mm。

2. 确定加工方案及加工工艺路线

加工方案：分析零件图形及尺寸，采用三爪自定心卡盘夹紧工件，以轴心线和右端面的交点为编程原点。该零件加工需要用到 3 把刀具，分别为正前角外圆车刀、外切槽刀和外螺纹刀。可以采用 G32 指令分多刀进行螺纹加工，也可以采用 G82 指令进行螺纹自动循环加工；精度较低，所以不分粗、精加工；粗加工每刀单边加工量选 1mm，加工结束后用切断刀保证总长。

加工工艺路线：

（1）夹持零件毛坯，伸出卡盘约 85mm（观察 Z 轴限位距离），找正并夹紧。

（2）选择 1 号外圆车刀，加工工件轮廓至尺寸。

（3）选择 2 号外切槽刀，加工工件槽宽及槽深至尺寸。

（4）选择 3 号外切槽刀，加工螺纹 M20×2-6g 的螺纹

（5）切断零件，保证总长。

（二）实施设施准备

设备型号：凯达 CK6136S 数控车床。

毛坯：$\phi$32mm×80mm 尼龙棒。

选择工、量、刃具，见表 2-6-2。

表 2-6-2　　　　　　　　　　　　　工、量、刃具清单

| 工、量、刃具清单 | | | | 精度（mm） | 单位 | 数量 |
|---|---|---|---|---|---|---|
| 种类 | 序号 | 名称 | 规格 | | | |
| 工具 | 1 | 三爪自定心卡盘 | | | 个 | 1 |
| | 2 | 卡盘扳手 | | | 副 | 1 |
| | 3 | 刀架扳手 | | | 副 | 1 |
| | 4 | 垫刀片 | 0.2～2mm | | 块 | 若干 |
| | 5 | 划线盘 | | | 个 | 1 |
| 量具 | 1 | 游标卡尺 | 0～150mm | 0.02 | 把 | 1 |
| | 2 | 百分表 | 0～10mm | 0.01 | 只 | 1 |
| | 3 | 螺纹环规 | M20×2-6g | | 只 | 1 |
| 刃具 | 1 | 外圆车刀 | 95° | | 把 | 1 |
| | 2 | 外切槽刀 | 3mm | | 把 | 1 |
| | 3 | 外螺纹刀 | 60° | | 把 | 1 |

（三）编制加工工艺卡片（表2-6-3～表2-6-5）

表2-6-3　　　　　　　　　　　　数控加工刀具卡

| 产品名称或代号 | | | 零件名称 | 外螺纹加工 | 零件图号 | | |
|---|---|---|---|---|---|---|---|
| 序号 | 刀具号 | 刀具名称 | 数量 | 加工表面 | 刀尖半径 $R$（mm） | 刀尖方位 T | 备注 |
| 1 | T0101 | 外圆车刀 | 1 | 粗车外轮廓 | 0.8 | 3 | 刀尖角80° 主偏角95° |
| 2 | T0202 | 外切槽刀 | 1 | 切槽 | | 3 | 刀宽3mm |
| 3 | T0303 | 外螺纹刀 | 1 | 车削螺纹 | | 3 | 刀尖角60° 螺距0.5～3 |
| 编制 | | 审核 | | 批准 | | 日期 | 共 页　第 页 |

表2-6-4　　　　　　　　　　　　数控加工工序卡

| 单位名称 | | 产品名称或代号 | | 零件名称 | | 零件图号 | |
|---|---|---|---|---|---|---|---|
| | | | | 外螺纹加工 | | | |
| 工序号 | 程序编号 | 夹具名称 | | 使用设备 | | 车间 | |
| | | 三爪自定心卡盘 | | CK6136S数控车床 | | 数控实训基地 | |
| 工步号 | 工步内容 | 刀具号 | 刀片规格 $R$(mm) | 主轴转速 $n$(r/min) | 进给速度 $V_c$(mm/min) | 背吃刀量 $a_p$(mm) | 备注 |
| 1 | 粗车外轮廓 | T0101 | 0.8 | 600 | 150 | 1.5 | |
| 2 | 切断刀 | T0202 | | 400 | 40 | 1 | |
| 3 | 外螺纹刀 | T0303 | | 400 | | 0.8～0.2 | |
| 4 | 检测、校核 | | | | | | |
| 编制 | | 审核 | | 批准 | | 日期 | 共 页　第 页 |

表 2-6-5　　　　　　　　　　　　　　　数控加工程序单

程序名　OO0001

| 程序段号 | 程序内容 | 说　　明 |
|---|---|---|
| | ％0425 | 程序头 |
| N10 | M03　S600 | 主轴正转,600r/min |
| N20 | T0101 | 选择 1 号刀具,选择 1 号刀补 |
| N30 | G00　X34　Z2 | 快速定位,靠近工件毛坯 |
| N40 | G01　Z0　F60 | 车削工件右端面至中心点 |
| N50 | X0 | |
| N60 | X30 | 进刀至工件 φ30mm |
| N70 | G01　Z-48　F150 | 车削 φ30 台阶,长度 48mm |
| N80 | G00　X32　Z2 | 退刀 |
| N90 | X26 | 进刀至工件 φ26mm |
| N100 | G01　Z-38 | 车削 φ26 台阶,长度 38mm |
| N110 | G03　X30　W-2　R2 | 车削 R2 顺圆弧 |
| N120 | G00　Z2 | 平行退刀 |
| N130 | X23 | 进刀至工件 φ23mm |
| N140 | G01　Z-38 | 车削 φ23 台阶,长度 38mm |
| N150 | G00　X32　Z2 | 退刀 |
| N160 | X20 | 进刀至工件 φ20mm |
| N170 | G01　Z-38 | 车削 φ20 台阶,长度 38mm |
| N180 | G00　X100 | 先径向快速退刀至 X100 |
| N190 | Z100 | 再轴向快速退刀至 Z100 |
| N200 | T0202 | 换 2 号外切槽刀,选择 2 号刀初 |
| N210 | S400 | 主轴转速,400r/min |
| N220 | G00　X32 | |
| N230 | Z-38 | 快速点位至 Z-38mm 沟槽,切削沟槽 |
| N240 | G01　X16　F40 | 切槽深度至 φ16mm |
| N250 | G04　P2 | 暂停 2s |
| N260 | G00　X100 | 径向快速退刀至 X100 |
| N270 | Z100 | 轴向快速退刀至 Z100 |
| N280 | T0303 | 换 3 号外螺纹刀 |
| N290 | G00　X22　Z3 | 进刀至螺纹车削起点 |

| 程序名 OO0001 | | |
| --- | --- | --- |
| 程序段号 | 程序内容 | 说　明 |
| | %0425 | 程序头 |
| N300 | X19.1 | 第1次切削深度0.9mm |
| N310 | G32　Z-37　F2 | 切削螺纹 |
| N320 | G00　X32 | 径向快速退刀至X32 |
| N330 | Z3 | 轴向快速退刀至Z2 |
| N340 | X18.5 | 第2次切削深度0.6mm |
| N350 | G32　Z-37　F2 | 切削螺纹 |
| N360 | G00　X32 | 径向快速退刀至X32 |
| N370 | Z3 | 轴向快速退刀至Z2 |
| N380 | X18.1 | 第3次切削深度0.4mm |
| N390 | G32　Z-37　F2 | 切削螺纹 |
| N400 | G00　X32 | 径向快速退刀至X32 |
| N410 | Z3 | 轴向快速退刀至Z2 |
| N420 | X17.9 | 第4次切削深度0.2mm |
| N430 | G32　Z-37　F2 | 切削螺纹 |
| N440 | G00　X32 | 径向快速退刀至X32 |
| N450 | Z3 | 轴向快速退刀至Z3 |
| N460 | X17.8 | 第5次切削深度0.1mm |
| N470 | G32　Z-37　F2 | 切削螺纹 |
| N480 | G00　X100 | 径向快速退刀至X100 |
| N490 | Z100 | 轴向快速退刀至Z100 |
| N500 | M05 | 主轴停止 |
| N510 | M30 | 程序结束 |

（四）操作数控仿真软件，完成零件仿真加工

（五）操作数控车床，完成零件实际加工

零件加工步骤如下：

（1）检查坯料尺寸。

（2）按顺序打开机床，并将机床回参考点。

（3）装夹刀具与工件。

外圆车刀按要求装于刀架 T01 号刀位，外切槽（断）刀按要求装于刀架 T02 号刀位，外螺纹刀按要求装于刀架 T03 号刀位，切槽刀及螺纹车刀的刀头垂直于工件轴线，刀尖与工件轴线等高。安装螺纹车刀时，可以借助角度样板使刀头垂直于工件轴线。尼龙棒夹在三爪自定心卡盘上，伸出 60mm，找正并夹紧。

（4）手动对刀，建立工件坐标系。

$Z$ 轴对刀：主轴停止转动，使螺纹车刀刀尖与工件右端面对齐，可以采用目测法或者借助于金属直尺对齐。注意刀具接近工件时，进给倍率为 1% ～2%。在控制面板 MDI 的刀偏表下，#0003 位置，在刀具长度补偿存储器中输入 "0"。

$X$ 轴对刀：主轴正转，移动螺纹车刀，使刀尖轻轻碰至工件外圆面（可以取外圆车刀试车削的外圆表面）或另在已车外圆表面再车一段外圆面（2～3mm），$Z$ 方向退出刀具；停车，测量已车外圆直径，注意刀具接近工件时，进给倍率为 1% ～2%。在控制面板 MDI 的刀偏表下，#0003 位置，在刀具直径补偿存储器中输入直径值。依次完成外圆车刀、外切槽刀，外螺纹刀的对刀。

（5）程序输入。

（6）锁住机床，校验程序。

（7）程序校验无误后，开始加工。

（8）加工完成后，按照图纸检查零件。

（9）检查无误后，关机，清扫机床。

### 五、任务总结评价

（一）自我评估

针对能力目标，对自己在任务实施过程中的表现给出分数（满分100分）以及 A 优秀、B 良好、C 合格、D 不合格等级予以客观评价。

| 知识<br>与<br>能力 | |
|---|---|
| | |
| | |
| 问题<br>与<br>建议 | |
| | |
| | |
| 自我打分：　　　分 | 评价等级：　　　级 |

（二）小组评价

小组同学对该同学在任务实施过程中的表现给出分数（单项 0～20 分）及等级予以客观、合理评价。

| 独立工作能力 | 学习创新能力 | 小组发挥作用 | 任务完成 | 其　他 |
|---|---|---|---|---|
| 分 | 分 | 分 | 分 | 分 |
| 五项总计得分：　分 | | | 评价等级：　级 | |

（三）教师评价

指导教师根据学生在学习及任务实施过程中的工作态度、综合能力、任务完成情况予以评价。

|  |
|---|
| 得分：　分，评价等级：　级 |

## 六、技能拓展

编制如图 2-6-15 所示内螺纹零件的粗、精加工程序，零件毛坯为 $\phi45\text{mm}\times80\text{mm}$ 棒料，材料为尼龙棒，利用宇龙仿真软件进行仿真加工，操作数控车床完成零件的实际加工。

图 2-6-15　内螺纹零件图

# 项目 3  套类零件加工

## 任务 3-1  内轮廓零件加工

### 一、任务要求

内轮廓零件图和三维实体图如图 3-1-1 所示。要求：
（1）掌握内径粗车复合循环 G71 指令及应用；
（2）掌握刀具半径补偿 G41、G42 指令及应用；
（3）掌握刀具的偏置和磨损补偿应用；

图 3-1-1  内轮廓零件图和三维实体图

### 二、能力目标

（1）掌握钻中心孔、钻孔（深孔）方法；
（2）掌握通孔加工方法及尺寸控制方法；
（3）掌握内孔车刀对刀及验证方法；
（4）能操作数控车床加工出内轮廓零件。

### 三、知识准备

（一）内（外）径粗车复合循环 G71 指令

无凹槽加工时指令格式：G71　U(Δd)　R(r)　P(ns)　Q(nf)　X(Δx)　Z(Δz)　F(f)　S(s)　T(t)

注意：内（外）径粗车复合循环 G71 指令在做内孔加工编程时，X 方向精加工余量

Δx 为负值。

【例】用 G71 内径粗加工复合循环指令编程（图 3-1-2）。

图 3-1-2

分析：先用 φ8 麻花钻孔钻，循环起点确定在（X6，Z5）；

切削深度（半径量）为 1.5mm，退刀量为 1mm；

$X$ 方向精加工余量 Δx 为 -0.4mm,

$Z$ 方向精加工余量 Δz 为 0.1mm；

1 号刀为内孔粗加工镗刀   2 号刀为内孔精加工镗刀。

编程如下：

```
%0020
N01  T0101                                （换 1 号刀）
N02  G00  X80  Z80                         （到程序起点位置或换刀点位置）
N03  M03  S400                             （主轴以 400r/min 正转）
N04  X6  Z5                                （到循环起点位置）
N05  G71 U1.5 R1 P9 Q17 X-0.4 Z0.1 F100    （G71 内径循环）
N06  G00  X80  Z80                         （粗加工后，到换刀点位置）
N07  T0404                                 （换 4 号刀）
N08  G00  G41  X6  Z5                       （4 号刀加入刀尖圆弧半径补偿）
N09  G00  X44                              （精加工轮廓开始，到 φ44 外圆处）
N10  G01  Z -20  F80                        （精加工 φ44 外圆）
N11  U-10  W-10                            （精加工外圆锥）
N12  W-10                                  （精加工 φ34 外圆）
N13  G03  U-14  W-7  R7                     （精加工 R7 圆弧）
N14  G01  W-10                             （精加工 φ20 外圆）
N15  G02  U-10  W-5  R5                     （精加工 R5 圆弧）
```

| N16 | G01 | Z-81 | （精加工 $\phi$10 外圆） |
| N17 | U-4 | W-2 | （倒角切至延长线，精加工轮廓结束） |
| N18 | G40 | X4 | （退出已加工面取消刀尖圆弧半径补偿） |
| N19 | G00 | Z80 | （退出工件内孔） |
| N20 | X80 | | （返回程序起点或换刀点位置） |
| N21 | M30 | | （主轴停，主程序结束并复位） |

（二）刀具补偿功能指令

刀具的补偿包括刀具的偏置和磨损补偿，刀尖圆弧半径补偿。如图 3-1-3 所示。

刀具的偏置和磨损补偿，是由 T 代码指定的功能，而不是由 G 代码规定的准备功能。

| 刀偏号 | X偏置 | Z偏置 | X磨损 | Z磨损 | 试切直径 | 试切长度 |
|---|---|---|---|---|---|---|
| #0001 | -388.934 | -861.733 | 0.000 | 0.000 | 38.534 | 0.000 |
| #0002 | -390.333 | -855.202 | 0.000 | 0.000 | 35.766 | -5.747 |
| #0003 | -390.934 | -861.733 | 0.000 | 0.000 | 0.000 | 0.000 |
| #0004 | 0.000 | 0.000 | 0.000 | 0.000 | 0.000 | 0.000 |
| #0005 | 0.000 | 0.000 | 0.000 | 0.000 | 0.000 | 0.000 |
| #0006 | 0.000 | 0.000 | 0.000 | 0.000 | 0.000 | 0.000 |
| #0007 | 0.000 | 0.000 | 0.000 | 0.000 | 0.000 | 0.000 |
| #0008 | 0.000 | 0.000 | 0.000 | 0.000 | 0.000 | 0.000 |
| #0009 | 0.000 | 0.000 | 0.000 | 0.000 | 0.000 | 0.000 |
| #0010 | 0.000 | 0.000 | 0.000 | 0.000 | 0.000 | 0.000 |
| #0011 | 0.000 | 0.000 | 0.000 | 0.000 | 0.000 | 0.000 |
| #0012 | 0.000 | 0.000 | 0.000 | 0.000 | 0.000 | 0.000 |
| #0013 | 0.000 | 0.000 | 0.000 | 0.000 | 0.000 | 0.000 |

图 3-1-3　刀具 X 轴和 Z 轴偏置

1. 刀具偏置补偿和刀具磨损补偿

1）刀具偏置补偿

编程时，我们设定刀架上各把刀具的刀尖（刀位点）在工作时的位置是一致的。但实际上由于刀具的几何形状及安装的不同，其刀尖的位置是不一致的，其相对工件原点的距离也是不同的。因此，需要将各刀具的位置进行比较或设定，即刀具偏置补偿。

刀具偏置补偿可使加工程序不随刀尖位置的不同而改变，刀具补偿有两种形式：

图 3-1-4　刀具偏置的相对补偿形式

（1）相对形式补偿。如图 3-1-4 所示，对刀时，确定一把刀为标准刀具，并以其刀尖位置 A 为依据建立坐标系，这样，当其他各刀转到加工位置时，刀尖位置 B 相对标刀刀尖位置 A 就会出现偏置，原来建立的坐标系就不适用，因此，应对非标准刀具相对于标准刀具之间的偏置值 $\Delta X$、$\Delta Z$ 进行补偿，使刀尖位置 $B$ 移至位置 $A$。

标刀偏置值为机床回到机床零点时，工件坐标系零点相对于工作位上标刀刀尖位置的有向距离。

（2）绝对形式补偿。如图 3-1-5 所示，即机床回到机床零点时，工件坐标系零点相对于刀架工作位上各刀刀尖位置的有向距离。当执行刀偏补偿时，各刀以此值设定各自的加工坐标系。

图 3-1-5   刀具偏置的绝对补偿形式

2）刀具磨损补偿

刀具使用一段后会产生磨损，也会使产品尺寸产生误差，因此，需要对其进行补偿。该补偿与刀具偏置补偿存放在同一个寄存器的地址号中。

各刀的磨损补偿只对该刀具有效（包括标刀）。

刀具的补偿功能由 T 代码指定，其后的 4 位数字分别表示选择的刀具号和刀具偏置补偿号。

T 代码的说明如下：

T××+××（刀具号+刀具补偿号）

刀具补偿号是刀具偏置补偿寄存器的地址号，该寄存器存放刀具的 $X$ 轴和 $Z$ 轴偏置补偿值、刀具的 $X$ 轴和 $Z$ 轴磨损补偿值。

T 加补偿号表示开始补偿功能。

补偿号为 00 表示补偿量为 0，即取消补偿功能。

系统对刀具的补偿或取消都是通过拖板的移动来实现的。

补偿号可以和刀具号相同，也可以不同，即一把刀具可以对应多个补偿号（值）。

如图 3-1-6 所示，如果刀具轨迹相对编程具有 $X$、$Z$ 方向上补偿值（由 $X$、$Z$ 方向上的补偿分量构成的矢量称为补偿矢量），那么程序段中的终点位置加或减去由 T 代码指定的补偿量（补偿矢量）即为刀具轨迹段终点位置。

图 3-1-6　经偏置磨损补偿后的刀具轨迹

【例】如图 3-1-7 所示，先建立刀具偏置磨损补偿，后取消刀具偏置磨损补偿（半径方式编程）。

图 3-1-7

| T0202 | （选 2 号刀 2 号刀补） |
|---|---|
| G01 X50 Z100 | （执行 2 号刀补，刀具移动到 1 点） |
| Z200 | （刀具移动到 2 点） |
| X100 Z250 T0200 | （取消补偿功能，刀具移动到 3 点） |
| M30 | （主程序结束并复位） |

若在加工过程中发现工件直径尺寸产生误差，可通过磨损补偿进行调整。

【例】工件标注直径尺寸为 $\phi85\pm0.1$mm，用 1 号刀试切后发现尺寸为 $\phi84$mm，直径尺寸小了 1mm，则可在刀偏表中 #0001 刀偏号的 "X 磨损" 下输入 "1.000"，如图 3-1-8 所示。

若试切后尺寸大了，测量直径为 $\phi85.85$mm，则输入值为 "−0.85"。

2. 刀尖圆弧半径补偿 G40、G41、G42

| 刀偏表 | | | | | | |
|---|---|---|---|---|---|
| 刀偏号 | X偏置 | Z偏置 | X磨损 | Z磨损 | 试切直径 | 试切长度 |
| #0001 | -389.334 | -812.500 | 1.000 | 0.000 | 72.401 | 0.000 |
| #0002 | 0.000 | 0.000 | -1.000 | 0.000 | 0.000 | 0.000 |
| #0003 | 0.000 | 0.000 | 0.000 | 0.000 | 0.000 | 0.000 |

图 3-1-8

$$格式：\begin{Bmatrix} G40 \\ G41 \\ G42 \end{Bmatrix} \begin{Bmatrix} G00 \\ G01 \end{Bmatrix} \text{X} \quad \text{Z}$$

数控程序一般是对刀具上的某一点（即刀位点）按工件轮廓尺寸编制的。

如图 3-1-9 所示，车刀的刀位点一般为理想状态下的假想刀尖 A 点，或者刀尖圆弧的圆心 O 点，但实际加工中的车刀，由于加工工艺或其他要求，刀尖往往不是一个理想点，而是一段圆弧。在切削加工时，刀具切削点会在刀尖圆弧上变动，造成实际切削点与刀位点之间的位置有偏差，故造成过切或少切。

图 3-1-9　刀尖圆弧造成的过切或少切

这种由于刀尖不是一理想点而是一段圆弧造成的加工误差，可用刀尖圆弧半径补偿功能来消除。

刀尖圆弧半径补偿是通过 G41、G42、G40 代码及 T 代码指定的刀尖圆弧半径补偿号，加入或取消半径补偿。

G40：取消刀具半径补偿；

G41：左刀补（在刀具进给方向左侧补偿，如图 3-1-10 所示）；

G42：右刀补（在刀具进给方向右侧补偿，如图 3-1-10 所示）；

X、Z：G00/G01 的参数，即建立刀补或取消刀补的终点。

注意：G40、G41、G42 都是模态代码，可相互注销。

（a）后置刀架　　　　　　　　　　　　（b）前置刀架

图 3-1-10　左刀补和右刀补

（1）G41/G42 不带参数，其补偿号（代表所用刀具对应的刀尖半径补偿值）由 T 代码指定。其刀尖圆弧补偿号与刀具偏置补偿号对应。

（2）刀尖半径补偿的建立与取消只能用 G00 或 G01 指令，不得是 G02 或 G03，刀补建立过程中不能进行零件加工。

刀尖圆弧半径补偿寄存器中，定义了车刀圆弧半径及刀尖的方向号。

在华中数控系统主菜单下，按 F4（刀具补偿），再按 F2（刀补表），进入"刀补表"编辑界面，如图 3-1-11 所示。在"刀尖方位"项中填写对应的刀具刀尖编号，如图 3-1-12 所示。例如，外圆车刀装在 1 号刀位上，刀尖方位编号为 3，那么就需要在 #0001 的"刀尖方位"项输入"3"。

【例】考虑刀尖圆弧半径补偿，编制图示零件的精加工程序，如图 3-1-13 所示。

刀具选择 →选择刀片"V 型（35°）"；→选择刀柄 —— "J 型（93°）"（刃长 11mm，刀尖半径 0.4mm，X 向长度 60mm）"；刀尖方位为"3"，将刀尖圆弧半径值和刀尖方向号输入刀补表中，如图 3-1-14 所示。

```
%0024
N0010   T0101                    （换 1 号刀，确定其坐标系）
N0020   M03 S400                 （主轴正转，400r/min）
N0030   G00 X40 Z5               （到程序起点位置）
N0040   X0                       （刀具移到工件中心）
N0050   G01 G42 Z0 F60           （加入刀具圆弧半径，工进接触工件）
N0060   G03 U24 W-24 R15         （加工 R15 圆弧段）
N0070   G02 X26 Z-31 R5          （加工 R5 圆弧段）
N0080   G01 Z-40                 （加工 φ26 外圆）
N0090   G00 X30                  （退出已加工表面）
```

图 3-1-11  "刀补表"编辑界面

图 3-1-12  车刀刀尖位置定义

N0100   G40 X40 Z5          (取消半径补偿，返回程序起点位置)
N0110   M30                 (主轴停，主程序结束并复位)

**四、任务实施**

编制图 3-1-15 所示零件的加工程序，零件毛坯为 $\phi$45mm×100mm 棒料，材料为尼龙棒，利用宇龙仿真软件进行仿真加工，之后操作数控车床完成零件的实际加工。

（一）加工工艺分析

1. 分析零件图

该零件由外圆直径为 $\phi$40mm 的圆柱，内孔直径分别为 $\phi$20mm、$\phi$26mm 的圆柱，以及倒角 C2 组成。其表面粗糙度没有要求，但是内（外）径和长度有尺寸公差要求，特别

图 3-1-13

| 刀补表： | | |
|---|---|---|
| 刀补号 | 半径 | 刀尖方位 |
| #0001 | 0.400 | 3 |
| #0002 | 0.000 | 0 |

图 3-1-14

图 3-1-15　内轮廓零件图

是内孔直径尺寸公差要求较高，零件总长为 70±0.1mm。

2. 确定加工方案及加工工艺路线

加工工艺方案：夹住零件左端毛坯外圆，采用中心钻预钻孔及钻孔（通孔）；再粗、精车内轮廓；之后粗、精车外轮廓；最后切断零件。

加工工艺路线：

（1）夹持零件左端毛坯外圆，伸出卡盘约 90mm（观察 Z 轴限位距离），找正并夹紧。

（2）选择 1 号外圆车刀，车右端面。（手动）

（3）选择 A3.15 中心钻，进行预钻孔。

（4）选择 $\phi$18mm 麻花钻进行钻孔，孔深约为 80mm。

（5）选择 2 号内孔车刀，加工零件内轮廓至尺寸要求。

（6）选择 1 号外圆车刀，加工零件外轮廓至尺寸要求。

（7）选择 3 号切断刀，切断零件，保证总长。

（二）实施设施准备

设备型号：凯达 CK6136S 数控车床。

毛坯：$\phi$42mm×90mm 尼龙棒。

选择工、量、刃具，见表 3-1-1。

表 3-1-1　　　　　　　　　　　　　　工、量、刃具清单

| 工、量、刃具清单 | | | | 精度（mm） | 单位 | 数量 |
|---|---|---|---|---|---|---|
| 种类 | 序号 | 名称 | 规格 | | | |
| 工具 | 1 | 三爪自定心卡盘 | | | 个 | 1 |
| | 2 | 卡盘扳手 | | | 副 | 1 |
| | 3 | 刀架扳手 | | | 副 | 1 |
| | 4 | 垫刀片 | 0.2～2mm | | 块 | 若干 |
| | 5 | 划线盘 | | | 个 | 1 |
| | 6 | 磁性表座 | | | 个 | 1 |
| | 7 | 钻夹头 | | | 个 | 1 |
| | 8 | 内孔刀夹套 | | | 个 | 1 |
| 量具 | 1 | 游标卡尺 | 0～150mm | 0.02 | 把 | 1 |
| | 2 | 外径千分尺 | 25～50mm | | 把 | 1 |
| | 3 | 内径千分尺 | 18～35mm | | 把 | 1 |
| | 4 | 内径百分表 | $\phi$18～35mm | 0.01 | 把 | 1 |
| | 5 | 表面粗糙度样板 | | | 套 | 1 |
| | 6 | 百分表 | 0～10mm | 0.01 | 只 | 1 |
| 刃具 | 1 | 外圆车刀 | 95° | | 把 | 1 |
| | 2 | 中心钻 | A3.15 | | 把 | 1 |
| | 3 | 麻花钻 | $\phi$18mm | | 把 | 1 |
| | 4 | 内孔车刀 | 95° | | 把 | 1 |
| | 5 | 切槽刀 | 3mm | | 把 | 1 |

## （三）编制加工工艺卡片（表 3-1-2 ~ 表 3-1-4）

表 3-1-2　　　　　　　　　　　数控加工刀具卡

| 产品名称或代号 | | | 零件名称 | 内轮廓加工 | 零件图号 | | | |
|---|---|---|---|---|---|---|---|---|
| 序号 | 刀具号 | 刀具名称 | 数量 | 加工表面 | 刀尖半径 $R$（mm） | 刀尖方位 T | 备注 | |
| 1 | T0101 | 外圆车刀 | 1 | 车外轮廓 | 0.8 | 3 | | |
| 2 | T0202 | 内孔车刀 | 1 | 车内轮廓 | 0.4 | | | |
| 3 | T0303 | 切断刀 | 1 | 切断 | | | 刀宽3mm | |
| 4 | | 中心钻 | 1 | 预钻孔 | | | A3.15 | |
| 5 | | 麻花钻 | 1 | 钻孔 | | | $\phi18$mm | |
| 编制 | | 审核 | | 批准 | | 日期 | 共　页 | 第　页 |

表 3-1-3　　　　　　　　　　　数控加工工序卡

| 单位名称 | | 产品名称或代号 | | 零件名称 | | 零件图号 | |
|---|---|---|---|---|---|---|---|
| | | | | 内轮廓加工 | | | |
| 工序号 | 程序编号 | 夹具名称 | | 使用设备 | | 车间 | |
| | | 三爪自定心卡盘 | | CK6136S 数控车床 | | 数控实训基地 | |
| 工步号 | 工步内容 | 刀具号 | 刀片规格 $R$(mm) | 主轴转速 $n$(r/min) | 进给速度 $V_c$(mm/min) | 背吃刀量 $a_p$(mm) | 备注 |
| 1 | 车削零件右端面 | T0101 | 0.8 | 600 | 80 | | |
| 2 | 预钻孔 | | A3.15 | 400 | | | |
| 3 | 钻孔 | | $\phi18$ | 400 | | | 钻孔深度80mm |
| 4 | 粗车内轮廓 | T0202 | 0.4 | 600 | 150 | 1.5 | |
| 5 | 精车内轮廓 | T0202 | 0.4 | 800 | 100 | 0.5 | |
| 6 | 粗车外轮廓 | T0101 | 0.4 | 600 | 150 | 1.5 | |
| 7 | 精车外轮廓 | T0101 | 0.4 | 800 | 100 | 0.5 | |
| 8 | 切断 | T0303 | 3 | 400 | 40 | 1mm | |
| 9 | 检测、校核 | | | | | | |
| 编制 | | 审核 | | 批准 | | 日期 | 共　页　第　页 |

表 3-1-4　　　　　　　　　　　数控加工程序单

| 程序名　O0001 | | 内轮廓加工程序 |
| --- | --- | --- |
| 程序段号 | 程序内容 | 说　明 |
| | ％0101 | 程序头 |
| N10 | M03　S600 | 主轴正转,600r/min |
| N20 | T0202 | 选择 2 号刀具,选择 2 号刀补 |
| N30 | G00　X24　Z2 | 快速定位,靠近工件毛坯 |
| N40 | G71　U1.5　R1　P50　Q90　X-0.5　Z0　F150 | G71 循环 |
| N50 | G00　G41　Z0　F60 | 加入刀具半径补偿,快速定位至工件右端面 Z0 |
| N60 | G01　X26　F60 | 精加工轮廓起始行 ns |
| N70 | Z-20 | 精加工 $\phi26$ 内孔 |
| N80 | X20　W-10 | 精加工内孔锥面 |
| N90 | G01　Z-70 | 精加工 $\phi20$ 内轮廓,至轮廓结束 |
| N100 | X18 | 退出已加工表面 nf |
| N110 | G40　G00　Z5 | 取消刀具半径补偿,轴向快速退刀至 Z5 |
| N120 | G00　Z100 | 轴向快速退刀至 Z100 |
| N130 | X100 | 径向快速退刀至 X100 |
| N140 | M05 | 主轴停止 |
| N150 | M30 | 程序结束并返回程序开头 |
| 程序名　O0002 | | 外轮廓加工程序 |
| 程序段号 | 程序内容 | 说　明 |
| | ％0102 | 程序头 |
| N10 | M03　S600 | 主轴正转,600r/min |
| N20 | T0101 | 选择 01 号刀具,选择 01 号刀补 |
| N30 | G00　X44　Z2 | 快速定位,靠近工件毛坯 |
| N40 | G71　U1.5　R1　P50　Q90　X0.5　Z0　F150 | G71 循环 |
| N50 | G00　Z0　G42 | |
| N60 | G01　X36　F60 | 精加工轮廓起始行 ns |
| N70 | X40　Z-2　F120 | 精加工 $C2$ 倒角 |
| N80 | Z-70 | 精加工 $\phi40$ 外轮廓,至轮廓结束 |
| N90 | X42 | 退出已加工表面 |
| N100 | G00　X45　G40 | 取消刀具补偿功能 |
| N110 | G00　X100 | 轴向快速退刀至 X100 |

程序名　O0002

| 程序段号 | 程序内容 | 说　明 |
|---|---|---|
| | ％0102 | 程序头 |
| N120 | Z100 | 径向快速退刀至 Z100 |
| N130 | S400 | 主轴转速 400r/min |
| N140 | T0303 | 换 3 号切断刀，选择 3 号刀具补偿 |
| N150 | G00　X45 | 快速点位至 X45 |
| N160 | Z-43 | 快速点位至 Z-45 |
| N170 | G01　X-1　F40 | 切断工件 |
| N180 | G00　X100 | 轴向快速退刀至 X100 |
| N190 | Z100 | 径向快速退刀至 Z100 |
| N200 | M05 | 主轴停止 |
| N210 | M30 | 程序结束并返回程序开头 |

（四）操作数控仿真软件，完成零件仿真加工

（五）操作数控车床，完成零件实际加工

零件加工步骤如下：

（1）检查坯料尺寸。

（2）按顺序打开机床，并将机床回参考点。

（3）装夹刀具与工件。

外圆车刀按要求装于刀架 T01 号刀位，内孔车刀按要求装于刀架 T02 刀位，切断刀按要求装于刀架 T03 刀位，中心钻和麻花钻按要求装在机床尾座套筒中，尼龙棒夹在三爪自定心卡盘上，伸出 90mm，找正并夹紧。

特别注意事项：

①安装中心钻、麻花钻时，应该严格使其与工件旋转轴线同轴，预防因偏心而折断刀具。

②车内孔、内沟槽前，应该先检测内孔车刀、内沟槽刀是否会与工件发生干涉。

③车内孔、内沟槽时，X 轴退刀方式与车外圆正好相反，且防止刀背碰撞刀工件。

④控制内孔尺寸时，刀具磨损量的修改与外圆加工正好相反。

（4）手动对刀，建立工件坐标系。

内孔车刀也采用试切法对刀，先车端面，在刀具长度补偿存储器中输入"0"；在车内孔，测量已车内孔的直径，在刀具直径补偿存储器中输入"测量直径值"，完成外圆车刀、内孔车刀对刀及中心钻的预钻孔、麻花钻的钻孔。

特别注意事项：

①加工前，应该先检查内孔车刀是否会与工件发生碰撞。

②手动钻中心孔及钻孔时，进给量要均匀，以防止中心钻及麻花钻折断。

③车内轮廓刀具进给方向、刀具磨损补偿值等均与车外轮廓正好相反。

④内孔精车刀车端面对刀后，其他刀具不能再通过车端面对刀，否则长度尺寸将无法控制。

⑤对于套类零件，夹紧力不能过大，以防止工件变形。

（5）输入程序。

（6）锁住机床，校验程序。

（7）程序校验无误后，开始加工。

（8）加工完成后，按照图纸检查零件。

（9）检查无误后，关机，清扫机床。

**五、任务总结评价**

（一）自我评估

针对能力目标，对自己在任务实施过程中的表现给出分数（满分 100 分）以及 A 优秀、B 良好、C 合格、D 不合格等级予以客观评价。

| 知识与能力 | |
|---|---|
| | |
| | |
| 问题与建议 | |
| | |
| | |
| 自我打分：　　分 | 评价等级：　　级 |

（二）小组评价

小组同学对该同学在任务实施过程中的表现给出分数（单项 0～20 分）及等级予以客观、合理评价。

| 独立工作能力 | 学习创新能力 | 小组发挥作用 | 任务完成 | 其　他 |
|---|---|---|---|---|
| 　　分 | 　　分 | 　　分 | 　　分 | 　　分 |
| 五项总计得分：　　分 | | | 评价等级：　　级 | |

（三）教师评价

指导教师根据学生在学习及任务实施过程中的工作态度、综合能力、任务完成情况予以评价。

|  |  |
|---|---|
| | |

得分：　　　分，评价等级：　　　级

**六、技能拓展**

编制图 3-1-16 所示零件的加工程序，零件毛坯为 $\phi50\text{mm}\times70\text{mm}$ 棒料，材料为尼龙棒，利用宇龙仿真软件进行仿真加工，之后操作数控车床完成零件的实际加工。

图 3-1-16　内轮廓零件图

# 任务 3-2　调头零件加工

**一、任务要求**

调头零件图和三维实体图如图 3-2-1 所示。要求：

（1）会进行中间值编程的计算；

（2）会编制调头零件的加工工艺；

（3）掌握采用中间值编写调头零件程序。

图 3-2-1  调头零件图和三维实体图

## 二、能力目标

(1) 掌握调头零件的装夹方法;

(2) 掌握调头零件的二次对刀及验证方法;

(3) 掌握调头零件总长尺寸控制方法;

(4) 能操作数控车床加工出调头零件。

## 三、知识准备

(一) 有尺寸公差零件加工范例 (图 3-2-2)

工艺分析:该零件尺寸精度有要求,分粗、精车两次切削,精车留余量 0.5mm;

巧用切断刀倒左端 C1 倒角并将工件切断;

精车时,有公差的尺寸按平均尺寸编程 ($\phi$37.98mm,$\phi$25.98mm)。

(1) 毛坯选择 $\phi$40mm×90mm 棒料;

(2) 刀具选择:1 号刀外圆粗车刀,2 号刀外圆精车刀,3 号刀切断 (刀宽 3mm)。

(3) 切削用量选择:切削深度 $a_P$:粗车 $a_P = 1.5$mm,精车 $a_P = 0.25$mm。

切削速度 $V$:粗车取 $V = 100$m/min,精车取 $V = 150$m/min;

转速: $n$ ($S$) = 1000r/min

粗车 $n = 1000 \times 100 / 3.14 \times 38 = 837$,$n$ 取 840r/min;

图 3-2-2

精车 $n = 1000 \times 150/3.14 \times 38 = 1257$，$n$ 取 1260r/min。

进给量 $f$：粗车取 $f = 0.2$mm/r，精车取 $f = 0.1$mm/r。

$F = f \times n$（mm/min）

粗车 $F = 0.2 \times 840 = 168$，$F$ 取 160 mm/min；

精车 $F = 0.1 \times 1260 = 126$，$F$ 取 120 mm/min。

切断：转速 $n$ 取 500r/min，$f$ 取 0.1mm/r，$F = f \times n = 0.1 \times 500 = 50$mm/min。

（4）平均尺寸计算：单件小批量生产，为便于控制零件轮廓尺寸精度要求，编程时常取极限尺寸的平均值作为编程尺寸。

$$编程尺寸 = 基本尺寸 + \frac{下偏差 - 上偏差}{2}$$

$\phi 38_{-0.033}^{0}$ 平均尺寸 $= 38 + [(-0.033) - 0]/2 = 37.9835$，取 37.98mm；

$\phi 26_{-0.04}^{-0.01}$ 平均尺寸 $= 26 + [(-0.04) - (-0.01)]/2 = 25.985$，取 25.98mm。

（5）编程如下：

%0029

N0010　M03 S840

N0020　T0101

N0030　G00 X45 Z0

N0040　G01 X0 F60

N0050　G00 X42 Z1

N0060　G80 X37 Z-45 F160

N0070　X34 Z-45

N0080　X31 Z-25

N0090　X28 Z-25

N0100　X26.5 Z-25

```
N0110    G00 X35 Z1
N0120    Z-24
N0130    G80 X34 Z-45 I-1.5
N0140    X34 Z-45 I-3
N0150    G00 X38.5 Z-44
N0160    G01 Z-65
N0170    G00 X100
N0180    Z100
N0190    T0202
N0200    S1260
N0210    G00 Z1
N0220    X40
N0230    G01 X22 F200
N0240    X25.98 Z-2 F120
N0250    Z-25
N0260    X27.5
N0270    W-20 X33.5
N0280    X36
N0290    X37.98 W-1
N0300    W-19
N0310    G00 X100
N0320    Z100
N0330    T0303
N0340    S500
N0350    G00 Z-64 X100
N0360    X40
N0370    G01 X30 F50
N0380    X40
N0390    W3
N0400    G01 X36 W-2
N0410    X8
N0420    G00 X100
N0430    Z100
N0440    M30
```

（二）调头车编程范例（图 3-2-3）

图 3-2-3

（1）加工工艺分析：夹毛坯外圆，先将左端 φ30、φ32、φ36 及倒角和槽切出（图 3-2-4）；

（2）选择毛坯为 φ40mm×105mm

（3）刀具选择：1 号刀外圆车刀；2 号刀切槽，刀宽 4mm。

然后掉头夹 φ32 外圆，车 φ30、锥面及倒角（图 3-2-5）。

图 3-2-4　　　　　　　　　　图 3-2-5

（4）编程如下：

①对 1 号刀和 2 号刀，对刀时将工件端面车平。

％0027

N05　M03 S800

N10　T0101

N25　G00 X45 Z3

N30　G71 U1.5 R1 P32 Q65 X0.5 Z0 F100

N32　G01 X0 F60

N36　Z0

N38　X24

N40    X30 Z-2

N45    Z-24

N50    X32

N55    Z-40

N60    X36

N65    Z-62

N70    G00 X100

N75    Z100

N80    T0202

N82    G00 Z-24 X50

N84    X34

N86    G01 X24 F40

N88    G04 P1

N90    X32

N92    G00 X100

N94    Z100

N96    M05

N98    M30

②工件调头，重新对 1 号刀，只对 $Z$ 轴坐标，将工件坐标系原点设置在端面中心处，距 $\phi32$ 和 $\phi36$ 交界的台肩处距离为 60mm，如图 3-2-6 所示。

加工时，若发现长度尺寸有误差，可通过刀偏表中 $Z$ 磨损进行调整。

锥面加工至锥面的延长线上超出工件表面以外，以免在接头处产生接痕，影响已加工表面表面质量。

延长线处 $X_1$ 向尺寸计算，由图 3-2-6 所示相似三角形可知：

图 3-2-6

$X_1/22=3/20$；$X_1=$（3/20）$\times 22=3.3$。

延长线处直径 $\phi 36.6$mm。

粗车每次切深 2mm，精车直径余量 1mm。

```
%0028
N05    M03 S800
N10    T0101
N15    G00 Z0 X45
N20    G01 X0 F40
N25    X36.1
N30    Z-40 F100
N35    G00 X38
N40    Z1
N45    X32
N50    G01 Z-20
N55    X36.6 Z-42
N60    G00 Z1
N65    X26
N70    G01 Z-2 X30 F60
N75    Z-20
N80    X36.6 Z-42
N85    G00 X100
N90    Z100
N95    M05
N98    M30
```

**四、任务实施**

编制图 3-2-7 所示零件的加工程序，零件毛坯为 $\phi 45$mm×98mm 棒料，材料为尼龙棒，利用宇龙仿真软件进行仿真加工，之后操作数控车床完成零件的实际加工。

（一）加工工艺分析

1. 分析零件图

该零件由 6 段直径分别为 $\phi 42$mm、$\phi 35$mm、$\phi 28$mm、$\phi 25$mm、$\phi 24$mm、$\phi 20$mm 的圆柱，以及槽宽为 6mm 的沟槽、螺纹 M28×2-6g、逆圆弧 $R4$、逆圆弧 $R5$、顺圆弧 $R7$、倒角 $C2$ 等组成。其表面粗糙度为 Ra1.6 和 Ra3.2，但是外径和长度有尺寸公差要求，特别是直径尺寸公差精度要求很高。零件右端面为其长度方向尺寸基准，零件总长为 95±0.11mm。

图 3-2-7　调头零件图

2. 确定加工方案及加工工艺路线

加工方案：分析零件图形及尺寸，采用三爪自定心卡盘夹紧工件，以轴心线和右端面的交点为编程原点。因为右端有螺纹，所以此零件应该先加工左端部分（加工长度为 50mm），然后调头，进行二次装夹，重新对刀，再加工右端部分。外径及长度加工精度较高，按照先粗后精原则进行加工，采用内（外）径粗车复合循环 G71 指令加工此零件。粗加工每刀单边加工量选 1.5mm，加工结束后用切断刀保证总长。

加工工艺路线：

（1）夹持零件毛坯，伸出卡盘约 60mm（观察 Z 轴限位距离），找正并夹紧。

（2）选择 1 号外圆车刀，车削零件左端三个阶梯轴直径分别为 φ42mm、φ35mm、φ25mm，2 个倒角 C2，车削总长为 50mm。

（3）卸下零件，调头，二次装夹（装夹位为 φ35 阶梯轴）。

（4）选择 1 号外圆车刀，重新对刀（只对 Z 轴）；2 号切槽刀、3 号外螺纹刀对刀。

（5）选择 1 号外圆车刀，加工右端零件部分至尺寸要求，保证总长度达到尺寸精度要求。

（6）选择 2 号切槽刀，加工零件右端退刀槽至尺寸要求。

（7）选择 3 号外螺纹刀，加工零件右端螺纹部分至尺寸要求。

（二）实施设施准备

设备型号：凯达 CK6136S 数控车床。

毛坯：φ45mm×98mm 尼龙棒。

选择工、量、刃具，见表 3-2-1。

表 3-2-1　　　　　　　　　　　　　　　**工、量、刃具清单**

| 工、量、刃具清单 | | | | 精度（mm） | 单位 | 数量 |
|---|---|---|---|---|---|---|
| 种类 | 序号 | 名称 | 规格 | | | |
| 工具 | 1 | 三爪自定心卡盘 | | | 个 | 1 |
| | 2 | 卡盘扳手 | | | 副 | 1 |
| | 3 | 刀架扳手 | | | 副 | 1 |
| | 4 | 垫刀片 | 0.2 ~ 2mm | | 块 | 若干 |
| | 5 | 划线盘 | | | 个 | 1 |
| | 6 | 磁性表座 | | | 个 | 1 |
| 量具 | 1 | 游标卡尺 | 0 ~ 150mm | 0.02 | 把 | 1 |
| | 2 | 外径千分尺 | 25 ~ 50mm | | 把 | 1 |
| | 3 | 表面粗糙度样板 | | | 套 | 2 |
| | 4 | 百分表 | 0 ~ 10mm | 0.01 | 只 | 1 |
| | 5 | 螺纹环规 | M28×2-6g | | | |
| 刃具 | 1 | 外圆车刀 | 93° | | 把 | 1 |
| | 2 | 切断刀 | 3mm | | 把 | 1 |
| | 3 | 外螺纹车刀 | 60° | | 把 | 1 |

（三）编制加工工艺卡片（表 3-2-2 ~ 表 3-2-4）

表 3-2-2　　　　　　　　　　　　　　**数控加工刀具卡**

| 产品名称或代号 | | | | 零件名称 | 调头零件 | 零件图号 | | |
|---|---|---|---|---|---|---|---|---|
| 序号 | 刀具号 | 刀具名称 | 数量 | 加工表面 | 刀尖半径 $R$（mm） | 刀尖方位 T | 备注 | |
| 1 | T0101 | 外圆车刀 | 1 | 粗、精加工零件左端部分 | 0.4 | 3 | | |
| 2 | T0101 | 外圆车刀 | 1 | 粗、精加工零件右端部分 | 0.4 | 3 | | |
| 3 | T0202 | 切断刀 | 1 | 切退刀槽 | | | 刀宽 3mm | |
| 4 | T0303 | 外螺纹车刀 | 1 | 粗、精外螺纹 M28×2-6g | | | 刀尖角 60° 螺距 0.5 ~ 3 | |
| 5 | | | | | | | | |
| 编制 | | 审核 | | 批准 | | 日期 | 共　页 | 第　页 |

表 3-2-3 数控加工工序卡

| 单位名称 | | 产品名称或代号 | | 零件名称 | | 零件图号 | |
|---|---|---|---|---|---|---|---|
| | | | | 调头零件 | | | |
| 工序号 | 程序编号 | 夹具名称 | | 使用设备 | | 车间 | |
| | | 三爪自定心卡盘 | | CK6136S 数控车床 | | 数控实训基础 | |
| 工步号 | 工步内容 | 刀具号 | 刀片规格 $R$(mm) | 主轴转速 $n$(r/min) | 进给量 $f_c$(mm/min) | 背吃刀量 $a_p$(mm) | 备注 |
| 1 | 粗车零件左端部分（长度50mm） | T0101 | 0.4 | 600 | 150 | 1.5 | |
| 2 | 精车零件左端部分（长度50mm） | T0101 | 0.4 | 800 | 120 | 0.5 | |
| 3 | 调头，二次对刀 | | | | | | |
| 4 | 粗车零件右端部分 | T0101 | 0.4 | 600 | 150 | 1.5 | |
| 5 | 精车零件右端部分（保证总长度为95mm） | T0101 | 0.4 | 800 | 120 | 0.5 | |
| 6 | 粗、精车削退刀槽 | T0202 | 3 | 400 | 40 | 1 | |
| 7 | 粗、精车削螺纹 | T0303 | 60° | 400 | | 0.2～0.9 | 螺纹导程2mm |
| 8 | 检测、校核 | | | | | | |

| 编制 | | 审核 | | 批准 | | 日期 | | 共 页 | 第 页 |
|---|---|---|---|---|---|---|---|---|---|
| | | | | | | | | | |

表 3-2-4 数控加工程序单

| 程序名 O0001 | | 零件左端加工程序 |
|---|---|---|
| 程序段号 | 程序内容 | 说明 |
| | %0101 | 程序头 |
| N10 | M03 S600 | 主轴正转,600r/min(粗加工) |
| N20 | T0101 | 选择01号刀具,选择01号刀补 |

148

程序名　OO0001

| 程序段号 | 程序内容 | 说　明 |
|---|---|---|
| | %0101 | 程序头 |
| N30 | G00　X46　Z2 | 快速定位,靠近工件毛坯 |
| N40 | G71　U1.5　R1　P70　Q150<br>X0.5　Z0　F150 | G71 循环 |
| N50 | S800 | 主轴转速 800r/min(精加工) |
| N60 | G01　G41　Z0　F60 | 加入刀具半径补偿,快速定位至工件右端面 Z0 |
| N70 | G01　X20.974　F120 | 精加工轮廓起始行 ns |
| N80 | X24.974　Z-2 | 倒角 C2 |
| N90 | Z-15 | 精加工 $\phi25$ 阶梯轴 |
| N100 | X27 | 精加工 $\phi27$ |
| N110 | G03　X34.98　W-4　R4 | 精加工 R4 圆弧 |
| N120 | G01　Z-37 | 精加工 $\phi35$ |
| N130 | X38 | 精加工 $\phi38$ |
| N140 | X41.969　W-2 | 倒角 C2 |
| N150 | G01Z-50 | 精加工 $\phi42$ 阶梯轴 |
| N150 | X44 | 退出已加工表面 nf |
| N160 | G00　G40　X60 | 取消刀具半径补偿 |
| N170 | G00　X100 | 径向快速退刀至 X100 |
| N180 | Z100 | 轴向快速退刀至 Z100 |
| N190 | M05 | 主轴停止 |
| N200 | M30 | 程序结束并返回程序开头 |

| 程序名　OO0002 | | 零件右端加工程序 |
|---|---|---|
| 程序段号 | 程序内容 | 说　明 |
| | %0102 | 程序头 |
| N10 | M03　S600 | 主轴正转,600r/min(粗加工) |
| N20 | T0101 | 选择 01 号刀具,选择 01 号刀补 |
| N30 | G00　X46　Z×× | 快速定位,靠近工件毛坯(调头之后重新对刀,车削右端面,略大于测量的零件总长实际值 2~3mm) |
| N40 | G71　U1.5　R1　P60　Q150<br>X0.5　Z0　F150 | G71 循环 |

程序名　OO002

| 程序段号 | 程序内容 | 说　明 |
|---|---|---|
| | %0102 | 程序头 |
| N50 | S800 | 主轴转速 800r/min(精加工) |
| | G00　G41　X44　Z2 | 快速定位,靠近工件毛坯;加入刀具半径补偿,快速定位至工件右端面 Z2 |
| N60 | G01　Z0　F120 | 精加工轮廓起始行 ns |
| N70 | X0 | 右端面循环车削 |
| N80 | X10.974 | |
| N90 | G03　X19.974　Z-5　R5 | 精加工 R5 圆弧 |
| N100 | Z-9 | 精加工 φ20 阶梯轴 |
| N110 | G01　X23.974 | |
| N120 | X27.974　W-2 | 倒角 C2 |
| N130 | Z-41 | 精加工 φ28 阶梯轴 |
| N140 | G02　X41.969　W-7　R7 | 精加工 R7 圆弧 |
| N150 | G01Z-48 | 精加工 φ42 阶梯轴 |
| N150 | X44 | 退出已加工表面 nf |
| N160 | G00　G40　X60 | 取消刀具半径补偿 |
| N170 | G00　X100 | 径向快速退刀至 X100 |
| N180 | Z100 | 轴向快速退刀至 Z100 |
| N190 | S400 | 主轴转速 800r/min |
| N200 | T0202 | 换 2 号切槽刀,选择 2 号刀补 |
| N210 | G00　X46 | |
| N220 | Z-35 | 切槽刀左刀尖点进刀至 Z-35 处 |
| N230 | G01　X24　F40 | 车槽至 φ24 |
| N240 | G04　P2 | 暂停 2s |
| N250 | G00　X30 | 退刀 |

程序名　OO002

| 程序段号 | 程序内容 | 说　　明 |
|---|---|---|
|  | ％0102 | 程序头 |
| N260 | W3 | 向右进刀一个刀宽位 |
| N270 | G01　X24　F40 | 车槽至 φ24 |
| N280 | G04　P2 | 暂停 2s |
| N290 | G00　X100 | 轴向快速退刀至 Z100 |
| N300 | Z100 | 径向快速退刀至 X100 |
| N310 | T0303 | 换 3 号外螺纹车刀,选择 3 号刀补 |
| N320 | G00　X30 |  |
| N330 | Z-6 | 进刀至螺纹加工起点 |
| N340 | G82　X27.1　Z-31　F2 | G82 螺纹循环加工 |
| N350 | X26.5　Z-31　F2 |  |
| N360 | X26.1　Z-31　F2 |  |
| N370 | X25.9　Z-31　F2 |  |
| N380 | X25.8　Z-31　F2 |  |
| N390 | G00　X100 | 径向快速退刀至 X100 |
| N400 | Z100 | 轴向快速退刀至 Z100 |
| N410 | M05 | 主轴停止 |
| N420 | M30 | 程序结束并返回程序开头 |

（四）操作数控仿真软件，完成零件仿真加工

（五）操作数控车床，完成零件实际加工

零件加工步骤如下：

（1）检查坯料尺寸。

（2）按顺序打开机床，并将机床回参考点。

（3）装夹刀具与工件。

外圆车刀按要求装于刀架 T01 号刀位，切槽刀按要求装于刀架 T02 刀位，外螺纹车刀按要求装于刀架 T03 刀位。

先加工零件左端，尼龙棒夹在三爪自定心卡盘上，伸出 60mm，找正并夹紧。

零件左端加工之后，调头，进行二次装夹。此时，把 $\phi35$ 阶梯轴作为装夹位夹在三爪自定心卡盘上。

（4）手动对刀，建立工件坐标系。

采用试切法对刀，先车右端面，在刀具长度补偿存储器中输入"0"；在车台阶，测量已车台阶的直径，在刀具直径补偿存储器中输入测量直径值。调头之后，重新装夹，只对 Z 轴坐标，将工件坐标系原点设置在端面中心处，距 $\phi40$ 和倒角 C2 交界的台肩处距离为 60mm。

（5）输入程序。

（6）锁住机床，校验程序。

（7）程序校验无误后，开始加工。

（8）加工完成后，按照图纸检查零件。

（9）检查无误后，关机，清扫机床。

## 五、任务总结评价

（一）自我评估

针对能力目标，对自己在任务实施过程中的表现给出分数（满分100分）以及 A 优秀、B 良好、C 合格、D 不合格等级予以客观评价。

| 知识与能力 | |
| --- | --- |
| 问题与建议 | |
| 自我打分：    分 | 评价等级：    级 |

（二）小组评价

小组同学对该同学在任务实施过程中的表现给出分数（单项0~20分）及等级予以客观、合理评价。

| 独立工作能力 | 学习创新能力 | 小组发挥作用 | 任务完成 | 其 他 |
| --- | --- | --- | --- | --- |
| 分 | 分 | 分 | 分 | 分 |
| 五项总计得分：    分 | | | 评价等级：    级 | |

（三）教师评价

指导教师根据学生在学习及任务实施过程中的工作态度、综合能力、任务完成情况予以评价。

得分：　　　分，评价等级：　　　级

## 六、技能拓展

编制图 3-2-8 所示零件的加工程序，零件毛坯为 φ50mm×110mm 棒料，材料为尼龙棒，利用宇龙仿真软件进行仿真加工，之后操作数控车床完成零件的实际加工。

图 3-2-8　调头零件图

# 项目4 典型零件加工

## 任务4-1 典型零件加工（一）

### 一、任务要求

典型零件图（一）和三维实体图如图4-1-1及图4-1-2所示。要求：
(1) 会识读零件图样。
(2) 会进行尺寸计算。
(3) 会选择各种加工表面的相应刀具。
(4) 会合理选择车削三要素。
(5) 会填写数控加工刀具卡、加工工序卡等工艺文件。

### 二、能力目标

(1) 掌握内螺纹车刀安装及对刀方法。
(2) 掌握内螺纹车削方法及尺寸控制。
(3) 能操作数控车床加工出典型零件。

### 三、知识准备

（一）车削用量三要素介绍

车削用量是说明车床在进行车削加工时的状态参数，可用它对主运动和进给运动进行定量的表述。车削用量包括切削速度（$V_c$）、进给量（$f$）和背吃刀量（$a_p$）三个要素，如图4-1-2所示。

1. 切削速度（$V_c$）

切削刃上的切削点相对于工件主运动的瞬时速度称为切削速度。切削速度的单位为 m/min。通俗地说，工件在车床上旋转，我们将其每分钟的转数定义为主轴转速 $n$。由于工件旋转，在其直径的切削点处产生切削速度，称为线速度，单位为 m/min。通常用线速度来考虑切削速度对加工的影响。在各种金属切削机床中，大多数切削加工的主运动都是回转运动。这就需要在切削速度与机床主轴转速之间进行转换，两者的关系为：

$$V_c = \pi dn/1000$$

式中：$V_c$——切削速度（m/min）；
　　　$d$——工件直径（mm）；

技术要求：
1. 不准使用砂布等修饰表面
2. 未注公差： 长度尺寸 ± 0.1
　　　　　　　外径尺寸 −0.1
　　　　　　　内径尺寸 +0.1
3. 未注倒角C0.5

| 制图 | | 时间 | 180min | 典型零件（一） |
|---|---|---|---|---|
| 校核 | | | | |
| 比例 | 1：1 | 材料 | 铝合金 | 数控车工 |

图 4-1-1　典型零件图（一）和三维实体图

$n$——主轴转速（r/min）。

2. 进给量（$f$）

刀具在进给方向上相对于工件的位移量称为进给量。对于普通车床而言，进给量为工件（主轴）每转过一转，刀具沿进给方向与工件的相对移动量，单位为 mm/r；对于数控车床，由于其控制原理与普通车床不同，进给量也可以用进给速度 $V_f$（单位为 mm/min）来表达，即：刀具在单位时间内沿着进给方向相对于工件的位移量。在车削加工时，进给速度 $V_f$ 是指切削刃上选定点相对于工件进给运动的瞬时速度。它与进给量之间的关系为

图 4-1-2

$$V_f = n \cdot f$$

3. 背吃刀量（$a_p$）

背吃刀量也称为切削深度，是指已加工表面与待加工表面之间的垂直距离。外圆车削时：

$$a_p = \frac{d_w - d_m}{2}$$

式中：$a_p$——背吃刀量（mm）；

$d_w$——待加工表面直径（mm）；

$d_m$——已加工表面直径（mm）。

镗孔时，则上式中的 $d_w$ 与 $d_m$ 互换一下位置，即

$$a_p = \frac{d_m - d_w}{2}$$

在切削加工中，切削速度（$V_c$）、进给量（$f$）和背吃刀量（$a_p$）这三个参数是相互关联的。在粗加工中，为了提高效率，一般采用较大的背吃刀量（$a_p$），此时，切削速度（$V_c$）和进给量（$f$）相对较小；而在半精加工和精加工阶段，一般采用较大的切削速度（$V_c$）、较小的进给量（$f$）和背吃刀量（$a_p$）以获得较好的加工质量（包括表面粗糙度、尺寸精度和形状精度）。

（二）车削三要素对加工的影响

1. 切削速度的影响

切削速度对刀具寿命有非常大的影响。提高切削速度时，切削温度就上升，而使刀具寿命大大缩短。加工不同种类、硬度的工件，切削速度会有相应的变化。通过大量的切削实验得出以下结论（表4-1-1）：

（1）在通常情况下，切削速度提高20%，刀具耐用度降低1/2；切削速度提高50%，刀具耐用度将降至原来的1/5。

（2）低速（20～40m/min）切削易产生振动，使刀具寿命缩短。

2. 进刀量的影响

进给量是决定被加工表面质量的关键因素，同时也影响加工时切屑形成的范围和切屑的厚度。在对刀具寿命影响方面，进给量过小，后刀面磨损大，刀具寿命大幅降低；进给量过大，切削温度升高，后刀面磨损也增大，但较之切削速度对刀具寿命的影响要小。

3. 背吃刀量的影响

切削深度应根据工件的加工余量、形状、机床功率、刚性及刀具的刚性来确定。切削深度变化对刀具寿命影响不大。切削深度过小时，会造成刮擦，只切削刀工件表面的硬化层，缩短刀具寿命。当工件表面具有硬化的氧化层时，应在机床功率允许范围内选择尽可能大的切削深度，以避免刀尖只切削工件的表面硬化层，造成刀尖的异常磨损甚至破损。

表 4-1-1                        硬质合金外圆车刀切削速度参考值

| 工件材料 | 热处理状态 | 粗加工 $a_P = 6 \sim 10mm$ $f = 0.6 \sim 1mm/r$ $V_c$（m/min） | 半精加工 $a_P = 2 \sim 6mm$ $f = 0.3 \sim 0.6mm/r$ $V_c$（m/min） | 精加工 $a_P = 0.3 \sim 2mm$ $f = 0.08 \sim 0.3mm/r$ $V_c$（m/min） |
|---|---|---|---|---|
| 低碳钢 | 热轧 | 70 ~ 90 | 100 ~ 120 | 140 ~ 180 |
| 中碳钢 | 热轧 | 60 ~ 80 | 90 ~ 110 | 130 ~ 160 |
| | 调质 | 50 ~ 70 | 70 ~ 90 | 100 ~ 130 |
| 合金结构钢 | 热轧 | 50 ~ 70 | 70 ~ 90 | 100 ~ 130 |
| | 调质 | 40 ~ 60 | 50 ~ 70 | 80 ~ 110 |
| 工具钢 | 退火 | 50 ~ 70 | 60 ~ 80 | 90 ~ 120 |
| 灰铸铁 | <190HBS | 50 ~ 70 | 60 ~ 80 | 90 ~ 120 |
| | 190 ~ 225HBS | 40 ~ 60 | 50 ~ 70 | 80 ~ 110 |
| 高锰钢 | | | 10 ~ 20 | |
| 铜及铜合金 | | 90 ~ 120 | 120 ~ 180 | 200 ~ 250 |
| 铝及铝合 | | 150 ~ 200 | 200 ~ 400 | 300 ~ 600 |
| 铸铝合金 | | 60 ~ 100 | 80 ~ 150 | 100 ~ 180 |

注：切削钢件或灰铸铁时，硬质车刀的耐用度 T 一般为 60min。

（三）选择切削用量的一般原则

粗车时切削用量的选择：粗车时，一般以提高生产率为主，以经济性为辅。提高切削速度、加大进给量和切削深度，均可提高生产率。其中，切削速度对刀具寿命的影响最大，切削深度对刀具寿命的影响最小。所以，考虑粗加工切削用量时，首先应选择一个尽可能大的切削深度，其次应选择较大的进给速度，最后在刀具使用寿命和机床功率允许的条件下可选择一个合理的切削速度。

半精车、精车时切削用量的选择：精车和半精车的切削用量要保证加工质量，兼顾生产率和刀具的使用寿命。半精车和精车的切削深度是根据零件加工精度和表面粗糙度要求及粗车后留下的加工余量决定的，一般情况是一次性去除余量。

半精车和精车的切削深度较小，产生的切削力也较小，所以可在保证表面粗糙度的情况下适当加大进给量。

**四、任务实施**

编制图 4-1-3 所示零件的加工程序，零件毛坯为 $\phi55mm \times 110mm$ 棒料，材料为铝合金，操作数控车床完成零件的实际加工。

图 4-1-3　典型零件图

（一）加工工艺分析

1. 分析零件图

该零件由外圆直径分别为 $\phi$48mm、$\phi$44mm、$\phi$34mm 的圆柱，以及内孔直径为 $\phi$34mm 的圆柱，锥度比为 1∶5 的圆锥，槽宽分别为 8mm、4mm 的沟槽，外螺纹 M26×1.5−6g，内螺纹 M30×1.5−6H，顺圆弧 R1、R2.5、R6，逆圆弧 R2.5、R10，倒角 C1 和 C2 等组成。其表面粗糙度为 Ra1.6 和 Ra3.2，但是外径和长度都有尺寸公差要求，特别是直径尺寸公差精度要求很高。零件右端面为其长度方向尺寸基准，零件总长为 88±0.05mm。

2. 确定加工方案及加工工艺路线

夹住零件右端毛坯外圆，加工左端内孔、内螺纹、外圆、切槽；然后调头夹住零件左端 $\phi$48mm 外圆，加工零件右端外圆、槽、螺纹 M26×1.5−6g；具体工艺过程如下：

加工工艺路线：

（1）夹持零件右端毛坯外圆，伸出卡盘约 50mm（观察 Z 轴限位距离）。

①车左端面（手动）；

②选择 A3.15 钻中心孔，选择 $\phi$26mm 的麻花钻，钻孔深为 35mm（手动）；

③粗、精车零件左端内轮廓；

④粗、精车零件左端内螺纹；

⑤粗、精车零件左端外轮廓；

⑥切槽。

（2）夹住零件左端 $\phi$48mm 外圆。

①车右端面（手动）；

②粗、精车外轮廓；

③切槽；

④粗、精车外螺纹。

（二）实施设施准备

设备型号：凯达 CK6136S 数控车床。

毛坯：φ50mm×93mm 铝合金。

选择工、量、刃具，见表 4-1-2。

表 4-1-2　　　　　　　　　　工、量、刃具清单

| 工、量、刃具清单 | | | | 精度（mm） | 单位 | 数量 |
|---|---|---|---|---|---|---|
| 种类 | 序号 | 名称 | 规格 | | | |
| 工具 | 1 | 三爪自定心卡盘 | | | 个 | 1 |
| | 2 | 卡盘扳手 | | | 副 | 1 |
| | 3 | 刀架扳手 | | | 副 | 1 |
| | 4 | 垫刀片 | 0.5～2mm | | 块 | 若干 |
| | 5 | 划线盘 | | | 个 | 1 |
| | 6 | 磁性表座 | | | 个 | 1 |
| | 7 | 钻夹头 | | | 个 | 1 |
| | 8 | 内孔刀夹套 | | | 个 | 2 |
| 量具 | 1 | 游标卡尺 | 0～150mm | 0.02 | 把 | 1 |
| | 2 | 外径千分尺 | 25～50mm | 0.01 | 把 | 1 |
| | 3 | 内径千分尺 | 18～35mm | 0.01 | 把 | 1 |
| | 4 | 内径百分表 | φ18～35mm | 0.01 | 把 | 1 |
| | 5 | 表面粗糙度样板 | 1.6，3.2 | | 套 | 2 |
| | 6 | 百分表 | 0～10mm | 0.01 | 只 | 1 |
| | 7 | 螺纹塞规 | M30×1.5-6H | | | |
| | 8 | 螺纹环规 | M26×1.5-6g | | | |
| | 9 | $R$ 规 | $R1$、$R2.5$、$R6$、$R10$ | | | |
| 刃具 | 1 | 外圆粗车刀 | 95° | | 把 | 1 |
| | 2 | 外圆精车刀 | 93° | | 把 | 1 |
| | 3 | 外切槽刀 | 刀宽3mm，切深10mm | | 把 | 1 |
| | 4 | 外螺纹车刀 | 60° | | 把 | 1 |
| | 5 | 内孔粗车刀 | 95° | | 把 | 1 |

续表

| 工、量、刃具清单 | | | | 精度（mm） | 单位 | 数量 |
|---|---|---|---|---|---|---|
| 种类 | 序号 | 名称 | 规格 | | | |
| 刃具 | 6 | 内孔精车刀 | 93° | | 把 | 1 |
| | 7 | 内螺纹车刀 | 60° | | 把 | 1 |
| | 8 | 中心钻 | A3.15 | | 把 | 1 |
| | 9 | 麻花钻 | φ26mm | | 把 | 1 |

（三）编制加工工艺卡片（表4-1-3～表4-1-6）

表4-1-3　　　　　　　　　　　　零件加工刀具卡

| 产品名称或代号 | | | 零件名称 | 典型零件一 | 零件图号 | | |
|---|---|---|---|---|---|---|---|
| 序号 | 刀具号 | 刀具名称 | 数量 | 加工表面 | 刀尖半径 R（mm） | 刀尖方位 T | 备注 |
| 1 | T01 | 95°硬质合金外圆粗车刀 | 1 | 粗车外轮廓 | 0.8 | 3 | 刀尖角80° |
| 2 | T02 | 93°硬质合金外圆精车刀 | 1 | 精车外轮廓 | 0.4 | 3 | 刀尖角35° |
| 3 | T03 | 硬质合金切槽刀 | 1 | 切退刀槽 | | | 刀宽3mm |
| 4 | T04 | 60°硬质合金外螺纹车刀 | 1 | 车螺纹 | | | 刀尖角60° 螺距0.5～3 |
| 5 | | A3中心钻 | 1 | 钻A3中心孔 | | | 安装在尾座套筒内 |
| 6 | | φ26mm麻花钻 | 1 | 钻φ23孔 | | | 安装在尾座套筒内 |
| 7 | T05 | 95°硬质合金内孔粗车刀 | 1 | 粗车内轮廓 | 0.8 | | 刀尖角80° |
| | T06 | 93°硬质合金内孔精车刀 | 1 | 精车内轮廓 | 0.4 | | 刀尖角35° |
| | T07 | 60°硬质合金内螺纹车刀 | 1 | 车内螺纹 | | | 刀尖角60° 螺距0.5～3 |
| 编制 | | 审核 | 批准 | | 日期 | 共　页 | 第　页 |

表 4-1-4　　　　　　　　　　　　　　　　**零件左端加工工序卡**

| 单位名称 | | 产品名称或代号 | | 零件名称 | | 零件图号 | |
|---|---|---|---|---|---|---|---|
| | | | | 典型零件(一) | | | |
| 工序号 | 程序编号 | 夹具名称 | | 使用设备 | | 车间 | |
| | | 三爪自定心卡盘 | | CK6136S 数控车床 | | 数控实训基地 | |
| 工步号 | 工步内容 | 刀具号 | 刀片规格 $R(\text{mm})$ | 主轴转速 $n(\text{r/min})$ | 进给速度 $V_c(\text{mm/min})$ | 背吃刀量 $a_p(\text{mm})$ | 备注 |
| 1 | 车端面 | T01 | 0.8 | 1000 | 80 | 1.5 | |
| 2 | 钻中心孔 | | | 500 | 100 | 1.0 | |
| 3 | 钻孔 | | | 400 | 50 | 8 | |
| 4 | 粗加工内轮廓，留 0.5mm 精加工余量 | T05 | 0.8 | 1000 | 150 | 1.5 | |
| 5 | 精车内孔至尺寸 | T06 | 0.4 | 1800 | 120 | 0.5 | |
| 6 | 粗、精内螺纹至尺寸 | T07 | | 400 | 1.5 | 0.02~0.8 | 螺纹导程 1.5mm |
| 7 | 粗加工外轮廓，留 0.5mm 精加工余量 | T01 | 0.8 | 1000 | 150 | 1.5 | |
| 8 | 精加工外轮廓至尺寸 | T02 | 0.4 | 1800 | 120 | 0.5 | |
| 9 | 车槽 | T03 | 3 | 500 | 50 | 4 | |
| 编制 | | 审核 | | 批准 | | 日期 | 共　页　第　页 |

表 4-1-5　　　　　　　　　　　　　　　　**零件右端加工工序卡**

| 单位名称 | | 产品名称或代号 | | 零件名称 | | 零件图号 | |
|---|---|---|---|---|---|---|---|
| | | | | 典型零件(一) | | | |
| 工序号 | 程序编号 | 夹具名称 | | 使用设备 | | 车间 | |
| | | 三爪自定心卡盘 | | CK6136S 数控车床 | | 数控实训基地 | |
| 工步号 | 工步内容 | 刀具号 | 刀片规格 $R(\text{mm})$ | 主轴转速 $n(\text{r/min})$ | 进给速度 $V_c(\text{mm/min})$ | 背吃刀量 $a_p(\text{mm})$ | 备注 |
| 1 | 车端面 | T01 | 0.8 | 1000 | 80 | 1.5 | |

续表

| 工步号 | 工步内容 | 刀具号 | 刀片规格 $R$(mm) | 主轴转速 $n$(r/min) | 进给速度 $V_c$(mm/min) | 背吃刀量 $a_p$(mm) | 备注 |
|---|---|---|---|---|---|---|---|
| 2 | 粗加工外轮廓,留0.5mm精加工余量 | T01 | 0.8 | 1000 | 150 | 1.5 | |
| 3 | 精加工外轮廓至尺寸 | T02 | 0.4 | 1800 | 120 | 0.5 | |
| 4 | 车槽 | T03 | 3 | 500 | 50 | 4 | |
| 5 | 粗、精外螺纹至尺寸 | T04 | | 400 | 1.5 | 0.02~0.8 | |
| 编制 | | 审核 | | 批准 | | 日期 | 共 页 第 页 |

表4-1-6　　　　　　　　　　　　零件加工程序单

| 程序名　O0001 | | 零件左端内孔加工程序 |
|---|---|---|
| 程序段号 | 程序内容 | 说　明 |
| | %0101 | 程序头 |
| N10 | M03 S1000 | 主轴正转,1000r/min(粗加工) |
| N20 | T0505 | 选择内孔粗车刀 |
| N30 | G00 X26 Z2 | 快速定位,靠近工件毛坯 |
| N40 | G71 U1.5 R1 P120 Q170 X-0.5 Z0 F150 | G71复合循环指令 |
| N50 | G00 X26 | 快速退刀 |
| N60 | Z100 | |
| N70 | T0606 | 换内孔精车刀 |
| N80 | M05 | 主轴停转 |
| N90 | M00 | 主程序暂停 |
| N100 | S1800 | 主轴转速1800r/min(精加工) |
| N110 | G01 G41 X26 Z0 F60 | 加入刀具半径补偿,快速定位至工件右端面Z0 |
| N120 | G01 X39 F120 | 精加工轮廓起始行 ns |
| N130 | G02 X34 W-2.5 R2.5 | 精加工 $R2.5$ |
| N140 | G01 Z-10 | 精加工 $\phi34$ 内孔 |
| N150 | X31 W-8.51 | 精加工内孔圆锥 |

程序名　O0001

| 程序段号 | 程序内容 | 说　明 |
|---|---|---|
| | %0101 | 程序头 |
| N160 | X28.052　W-1 | 倒角 C1 |
| N170 | G01　W-15 | 精加工 φ30 |
| N180 | G00　G40　X26 | 取消刀具半径补偿 |
| N190 | G00　X26 | 径向快速退刀至 X26 |
| N200 | Z100 | 轴向快速退刀至 Z100 |
| N210 | T0707 | 换内螺纹车刀 |
| N220 | M03　S400 | 主轴转速,400 r/min |
| N230 | G00　X28　Z-16 | 快速定位加工内螺纹起点 |
| N240 | G82　X28.05　W-13　F1.5 | 内螺纹循环加工 |
| N250 | G82　X28.6　W-13　F1.5 | |
| N260 | G82　X29　W-13　F1.5 | |
| N270 | G82　X29.4　W-13　F1.5 | |
| N280 | G82　X29.8　W-13　F1.5 | |
| N290 | G82　X30　W-13　F1.5 | |
| N300 | G00　X26 | 径向快速退刀至 X26 |
| N310 | Z100 | 轴向快速退刀至 Z100 |
| N320 | M05 | 主轴停止 |
| N330 | M30 | 程序结束并返回程序开头 |

程序名　O0001　　　　　零件左端外圆加工程序

| 程序段号 | 程序内容 | 说　明 |
|---|---|---|
| | %0101 | 程序头 |
| N10 | M03　S1000 | 主轴正转,1000r/min(粗加工) |
| N20 | T0101 | 选择外圆粗车刀 |
| N30 | G00　X52　Z2 | 快速定位,靠近工件毛坯 |
| N40 | G71　U1.5　R1　P110　Q180　X0.5　Z0　F150 | G71 复合循环指令 |
| N50 | G00　X100　Z100 | |
| N60 | T0202 | 选择外圆精车刀 |
| N70 | M05 | 主轴停转 |

163

续表

程序名 OO0001

| 程序段号 | 程序内容 | 说　明 |
|---|---|---|
| | ％0101 | 程序头 |
| N80 | M00 | 主程序暂停 |
| N90 | M03　S1800 | 主轴转速,1800r/min(精加工) |
| N100 | G01　G41　X52　Z0　F60 | 加入刀具半径补偿,快速定位至工件右端面 Z0 |
| N110 | G01　X39　F120 | 精加工轮廓起始行 ns |
| N120 | G03　X44　W-2.5　R2.5 | 圆弧精加工 |
| N130 | G01　Z-17 | 精加工 $\phi$44 阶梯轴 |
| N140 | G02　X46　W-1　R1 | 圆弧精加工 |
| N150 | G01　X48 | 定位到 $\phi$48 |
| N160 | Z-35 | 精加工 $\phi$48 |
| N170 | X49 | 定位到 $\phi$49 |
| N180 | Z-40 | 精加工 $\phi$49 |
| N190 | G00　G40　X52 | 取消刀具半径补偿 |
| N200 | G00　X100 | 径向快速退刀至 X100 |
| N210 | Z100 | 轴向快速退刀至 Z100 |
| N220 | T0303 | 选择外切槽刀 |
| N230 | S500 | 主轴转速,500r/min |
| N240 | G00　X53　Z-35 | 快速定位 |
| N250 | G01　X38　F60 | 粗加工 $\phi$38 的槽 |
| N260 | G04P2 | 槽底停留 2S |
| N270 | X53 | X 方向退出刀具 |
| N280 | Z-32 | Z 方向移至 Z-32 处 |
| N290 | X38 | 加工 $\phi$38 的槽 |
| N300 | G04　P2 | 槽底停留 2S |
| AN310 | X53 | X 方向退出刀具 |
| N320 | Z-30 | Z 方向移至 Z-30 处 |
| N330 | X38 | 加工 $\phi$38 的槽 |
| N340 | G04　P2 | 槽底停留 2S |
| N350 | Z-35 | 精加工槽 |
| N360 | X48 | X 方向退刀定位 |
| N370 | W-2 | Z 方向退刀定位 |
| N380 | X44　W2 | 倒角 C2 |
| N390 | X48 | X 方向退刀定位 |
| N400 | Z-28 | Z 方向退刀定位 |

程序名　O0001

| 程序段号 | 程序内容 | 说　明 |
|---|---|---|
|  | %0101 | 程序头 |
| N410 | X44　W-2 | 倒角 C2 |
| N420 | G00　X100 | 径向快速退刀至 X100 |
| N430 | Z100 | 轴向快速退刀至 Z100 |
| N440 | M05 | 主轴停转 |
| N450 | M30 | 程序结束并返回程序开头 |

| 程序名　O0003 | | 零件右端加工程序 |
|---|---|---|
| 程序段号 | 程序内容 | 说明 |
|  | %0102 | 程序头 |
| N10 | M03　S1000 | 主轴正转,1000r/min(粗加工) |
| N20 | T0101 | 选择外圆粗车刀 |
| N30 | G00　X52　Z×× | 快速定位,靠近工件毛坯(调头之后重新对刀,车削右端面,略大于测量的零件总长实际值 2 ~ 3mm) |
| N40 | G71　U1.5　R1　P110　Q240　X0.5　Z0　F150 | G71 复合循环指令 |
| N50 | G00　X100　Z100 | 快速退刀 |
| N60 | T0202 | 选择外圆精车刀 |
| N70 | M05 | 主轴停转 |
| N80 | M00 | 主程序暂停 |
| N90 | M03　S1800 | 主轴正转,1800r/min(精加工) |
| N100 | G00　G41　X52　Z2 | 快速定位,靠近工件毛坯;加入刀具半径补偿,快速定位至工件右端面 Z2 |
| N110 | G01　Z0　F120 | 精加工轮廓起始行 ns |
| N120 | X24 | 右端面循环车削 |
| N130 | X26　Z-1 | 倒角 C1 |
| N150 | G01　Z-20 | 精加工 φ26 |
| N150 | X28 | 精加工 φ28 |
| N170 | X28.2　W-1 | 倒角 C1 |
| N180 | X30　Z-30 | 精加工圆锥面 |
| N190 | X32 | 精加工 φ32 |
| N200 | X34　W-1 | 倒角 C1 |

续表

程序名 OO003

| 程序段号 | 程序内容 | 说　明 |
|---|---|---|
| | %0102 | 程序头 |
| N210 | W-3.771 | 精加工 $\phi$34 |
| N220 | G02　X39.25　Z-39.732　R6 | 精加工圆弧 R6 |
| N230 | G03　X48　W-8.268　R10 | 精加工圆弧 R10 |
| N240 | G01　W-7 | 精加工 $\phi$48 |
| N250 | G00　G40　X52 | 取消刀具半径补偿 |
| N260 | G00　X100 | 径向快速退刀至 X100 |
| N270 | Z100 | 轴向快速退刀至 Z100 |
| N280 | S400 | 主轴转速,400r/min |
| N290 | T0303 | 选择外切槽刀 |
| N300 | G00　X30 | X 方向定位 |
| N310 | Z-18 | 切槽刀左刀尖点进刀至 Z-18 处 |
| N320 | G01　X23　F50 | 车槽至 $\phi$23 |
| N330 | G04　P2 | 暂停 2s |
| N340 | G00　X30 | 退刀 |
| N350 | W1 | 向右进刀一个刀宽位 |
| N360 | G01　X23　F40 | 车槽至 $\phi$23 |
| N370 | G04　P2 | 暂停 2s |
| N380 | G00　X100 | 径向快速退刀至 X100 |
| N390 | Z100 | 轴向快速退刀至 Z100 |
| N400 | T0404 | 选择外螺纹车刀 |
| N410 | G00　X30 | X 方向定位 |
| N420 | Z2 | 进刀至螺纹加工起点 |
| N430 | G82　X25.2　Z-19　F2 | G82 螺纹循环加工 |
| N440 | G82　X24.6　Z-19　F2 | |
| N450 | G82　X24.2　Z-19　F2 | |
| N460 | G82　X24.05　Z-19　F2 | |
| N470 | G82　X24.05　Z-19　F2 | |
| N480 | G00　X100 | 径向快速退刀至 X100 |
| N490 | Z100 | 轴向快速退刀至 Z100 |
| N500 | M05 | 主轴停止 |
| N510 | M30 | 程序结束并返回程序开头 |

（四）零件检测及评分（表 4-1-7）

表 4-1-7　　　　　　　　　　　典型零件图（一）评分标准

| 工种 | | | 编号 | | | 学号 | | | 总得分 | |
|---|---|---|---|---|---|---|---|---|---|---|
| 批次 | | | | 机床编号 | | | 姓名 | | | |
| 序号 | 考核项目 | | 考核内容及要求 | | 配分 | 评分标准 | | 检测结果 | 扣分 | 得分 |
| | 数控车题 | | | | 合(70) | | | | | |
| 1 | 外轮廓<br>(33) | | $\phi23$ | $^{0}_{-0.1}$ | 1 | 超差不得分 | | | | |
| 2 | | | $\phi26^{0}_{-0.04}$ | IT | 2 | 每超差 0.01 扣 1 分 | | | | |
| 3 | | | $\phi34^{0}_{-0.04}$ | IT | 2 | 每超差 0.01 扣 1 分 | | | | |
| 4 | | | $\phi38^{0}_{-0.05}$ | IT | 2 | 每超差 0.01 扣 1 分 | | | | |
| 5 | | | $\phi44^{0}_{-0.04}$ | IT | 2 | 每超差 0.01 扣 1 分 | | | | |
| 6 | | | $\phi48^{0}_{-0.04}$ | IT | 2 | 每超差 0.01 扣 1 分 | | | | |
| 7 | | | 18 | ±0.1 | 1 | 超差不得分 | | | | |
| 8 | | | 2 | ±0.1 | 1 | 超差不得分 | | | | |
| 9 | | | 8 | ±0.1 | 1 | 超差不得分 | | | | |
| 10 | | | 30 | ±0.1 | 1 | 超差不得分 | | | | |
| 11 | | | 1：5 | IT | 2 | 超差不得分 | | | | |
| 12 | | | R6 | IT | 2 | 超差不得分 | | | | |
| 13 | | | R10 | IT | 2 | 超差不得分 | | | | |
| 14 | | | R2.5 | IT | 2 | 超差不得分 | | | | |
| 15 | | | R1 | IT | 1 | 超差不得分 | | | | |
| 16 | | | C1 | IT | 1 | 一处未倒扣 1 分 | | | | |
| 17 | | | C2 | IT | 2 | 一处未倒扣 1 分 | | | | |
| 18 | | | 锐角倒钝 C0.5 | IT | 2 | 一处未倒扣 1 分 | | | | |
| 19 | | | Ra1.6 | IT | 4 | 超差一处扣 0.5 分 | | | | |
| 20 | 外螺纹<br>(10) | | M26×1.5-6g | IT | 10 | 合格给 10 分 | | | | |
| 21 | | | 表面粗糙度 | IT | | 不合格扣 2 分 | | | | |
| 22 | | | 大径 | IT | | 不合格扣 2 分 | | | | |
| 23 | | | 螺距 | IT | | 不合格扣 2 分 | | | | |
| 24 | | | 牙型 | IT | | 不合格扣 2 分 | | | | |
| 25 | | | 14 | IT | | 不合格扣 2 分 | | | | |

| 序号 | 考核项目 | 考核内容及要求 | | 配分 | 评分标准 | 检测结果 | 扣分 | 得分 |
|---|---|---|---|---|---|---|---|---|
| | | 数控车题 | | 合(70) | | | | |
| 26 | 内轮廓<br>(9) | $\phi 34^{+0.04}_{0}$ | IT | 2 | 每超差 0.01 扣 1 分 | | | |
| 27 | | 10 | ±0.1 | 1 | 超差不得分 | | | |
| 28 | | 20° | IT | 2 | 超差不得分 | | | |
| 29 | | $R2.5$ | IT | 2 | 超差不得分 | | | |
| 30 | | C1 | IT | 1 | 一处未倒扣 1 分 | | | |
| 31 | | Ra1.6 | IT | 1 | 超差一处扣 0.5 分 | | | |
| 32 | 内螺纹<br>(10) | M30×1.5-6H | IT | 10 | 合格给 10 分 | | | |
| 33 | | 表面粗糙度 | IT | | 不合格扣 2 分 | | | |
| 34 | | 大径 | IT | | 不合格扣 2 分 | | | |
| 35 | | 螺距 | IT | | 不合格扣 2 分 | | | |
| 36 | | 牙型 | IT | | 不合格扣 2 分 | | | |
| 37 | | 10 | IT | | 不合格扣 2 分 | | | |
| 38 | 全长及<br>表面质量<br>(8) | 88±0.05 | IT | 3 | 每超差 0.02 扣 1 分 | | | |
| 39 | | 整体表<br>面质量 | IT | 5 | 一般扣 2 分 | | | |
| 40 | | | IT | | 差或为完成扣 5 分 | | | |
| | 规范操作、文明生产、加工工艺 | | | 合(30 分) | | | | |
| 1 | 文明<br>生产<br>规范<br>操作 | 1. 着装规范,未受伤<br>2. 刀具、工具、量具的放置<br>3. 工件装夹、刀具安装规范<br>4. 正确使用量具<br>5. 卫生、设备保养<br>6. 关机后机床停放位置不合理<br>7. 发生重大安全事故、严重违反操作规程者,取消考试<br>8. 服从安排<br>9. 开机前的检查和开机顺序正确<br>10. 正确对刀,回参考点,建立工件坐标系<br>11. 正确仿真校验 | | | 总扣 15 分<br>每违反一条酌情扣 1 分,扣完为止 | | | |
| 2 | 工艺<br>分析 | 1. 工件定位和夹紧不合理<br>2. 加工顺序不合理<br>3. 刀具选择不合理<br>4. 关键工序错误<br>5. 刀具有损坏 | | | 总扣 15 分<br>每违反一条酌情扣 1 分,扣完为止 | | | |
| 记录员 | | 监考人 | | | 检验员 | | 考评人 | |

（五）操作数控车床，完成零件实际加工

零件加工步骤如下：

（1）检查坯料尺寸。

（2）按顺序打开机床，并将机床回参考点。

（3）装夹刀具与工件。

把外圆粗车刀、外圆精车刀、切槽刀、外螺纹车刀、内孔粗车刀、内孔精车刀、内螺纹车刀按要求依次装入 T01、T02、T03、T04、T05、T06、T07 号刀位，但是数控车床现在只有 4 个刀位，所以加工时用到哪些刀具就装哪些车刀，用完之后拆下，但是一定要注意刀具的刀位号。

安装切断刀、内螺纹车刀时，应注意使刀头垂直于工件轴线。安装内螺纹车刀时需要借助角度样板。

（4）手动对刀，建立工件坐标系。

外圆车刀采用试切法对刀。调头装夹后外圆车刀、内孔车刀和内螺纹车刀仍然采用试切法对刀。其中，内螺纹车刀取刀尖为刀位点。

$Z$ 轴对刀：主轴停止转动，移动内螺纹车刀与工件右端面平齐，用目测方式或者借助金属直尺。在对应的刀具号的长度补偿中输入"0"。

$X$ 轴对刀：主轴正转，移动内螺纹车刀，试切内孔长 3～5mm，刀具沿+$Z$ 方向退出。测量孔径直径，在对应的刀具号的直径补偿中输入直径值。

零件需要调头加工，调头之后重新对刀。车削端面，试切长度值略大于测量的零件总长实际值 2～3mm，对刀时，要注意零件总长。

特别注意事项：

①调头装夹工件时，应该用铜皮包裹住外圆，以防止损坏已加工外圆表面。

②安装内螺纹车刀时，车刀刀尖要对准工件旋转中心，装得过高，车削时容易振动；装得过低，则刀头下部与工件容易发生碰撞。

③车削前，应该调式内孔车刀及内螺纹车刀，以防止刀体、刀杆与内孔发生干涉。

④调头装夹加工，所有刀具都应该重新对刀。

（5）输入程序。

（6）锁住机床，校验程序。

（7）程序校验无误后，开始加工。

（8）加工完成后，按照图纸检查零件。

（9）检查无误后，关机，清扫机床。

### 五、任务总结评价

（一）自我评估

针对能力目标，对自己在任务实施过程中的表现给出分数（满分100分）以及A优秀、B良好、C合格、D不合格等级予以客观评价。

| 知识与能力 | |
|---|---|
| | |
| | |
| 问题与建议 | |
| | |
| | |
| 自我打分：　　分 | 评价等级：　　级 |

（二）小组评价

小组同学对该同学在任务实施过程中的表现给出分数（单项0～20分）及等级予以客观、合理评价。

| 独立工作能力 | 学习创新能力 | 小组发挥作用 | 任务完成 | 其　他 |
|---|---|---|---|---|
| 分 | 分 | 分 | 分 | 分 |
| 五项总计得分：　　分 | | | 评价等级：　　级 | |

（三）教师评价

指导教师根据学生在学习及任务实施过程中的工作态度、综合能力、任务完成情况予以评价。

| |
|---|
| 得分：　　分，评价等级：　　级 |

（四）任务综合评价

| 姓　名 | | 小组 | 指导教师 | | | | 班 |
| --- | --- | --- | --- | --- | --- | --- | --- |
| | | | | | | | 年　月　日 |

| 项目 | 评价标准 | 评价依据 | 自评 | 小组评 | 老师评 | 小计分 |
| --- | --- | --- | --- | --- | --- | --- |
| 专业能力 | 1. 车削加工工艺制定正确，切削用量选择合理<br>2. 程序正确、简单、规范<br>3. 刀具选择及安装正确、规范<br>4. 工件找正及安装正确、规范<br>5. 工件加工完整、正确<br>6. 有独立的工作能力和创新意识 | 1. 操作准确、规范<br>2. 工作任务完成的程度及质量<br>3. 独立工作能力<br>4. 解决问题能力 | 0~25分 | 0~25分 | 0~50分 | （自评+组评+师评）×0.6 |
| | | | 权重 0.6 | | | |
| 职业素养 | 1. 遵守规章制度、劳动纪律<br>2. 积极参加团队作业，有良好的协作精神<br>3. 能综合运用知识，有较强学习能力和信息分析能力<br>4. 自觉遵守 6S 要求 | 1. 遵守纪律<br>2. 工作态度<br>3. 团队协作精神<br>4. 学习能力<br>5. 6S 要求 | 0~25分 | 0~25分 | 0~50分 | （自评+组评+师评）×0.4 |
| | | | 权重 0.4 | | | |
| 评价 | A（优　秀）：100~90 分<br>B（良　好）：89~70 分<br>C（合　格）：69~60 分<br>D（不合格）：59 分及以下 | 能力+素养<br>总计得分 | | 分 | | |
| | | 等　级 | | 级 | | |

## 六、技能拓展

编制图 4-1-4 所示零件的加工程序，零件毛坯为 $\phi53\,mm \times 105\,mm$ 棒料，材料为铝合金，操作数控车床完成零件的实际加工。

图 4-1-4　典型零件加工图

技术要求：
1. 不准使用砂布等修饰表面
2. 未注公差：长度尺寸 ±0.1
　　　　　　外径尺寸 −0.1
　　　　　　内径尺寸 +0.1
3. 未注倒角 C0.5

| 制图 | | 时间 | 180min | 典型零件 |
|---|---|---|---|---|
| 校核 | | | | |
| 比例 | 1∶1 | 材料 | 铝合金 | 数控车工 |

（一）加工工艺分析

（1）分析零件图。

（2）确定加工方案及加工工艺路线。

加工方案：

加工工艺路线：

（二）实施设施准备

**工、量、刃具清单**

| 工、量、刃具清单 | | | | 精度（mm） | 单位 | 数量 |
|---|---|---|---|---|---|---|
| 种类 | 序号 | 名称 | 规格 | | | |
| 工具 | 1 | | | | | |
| | 2 | | | | | |
| | 3 | | | | | |
| | 4 | | | | | |
| | 5 | | | | | |
| | 6 | | | | | |
| | 7 | | | | | |
| | 8 | | | | | |
| 量具 | 1 | | | | | |
| | 2 | | | | | |
| | 3 | | | | | |
| | 4 | | | | | |
| | 5 | | | | | |
| | 6 | | | | | |
| | 7 | | | | | |
| | 8 | | | | | |
| | 9 | | | | | |
| 刃具 | 1 | | | | | |
| | 2 | | | | | |
| | 3 | | | | | |
| | 4 | | | | | |
| | 5 | | | | | |
| | 6 | | | | | |
| | 7 | | | | | |
| | 8 | | | | | |
| | 9 | | | | | |

（三）编制加工工艺卡片

**零件加工刀具卡**

| 产品名称或代号 | | | 零件名称 | | 零件图号 | | | |
|---|---|---|---|---|---|---|---|---|
| 序号 | 刀具号 | 刀具名称 | 数量 | 加工表面 | 刀尖半径 $R$（mm） | 刀尖方位 T | 备注 | |
| | | | | | | | | |
| | | | | | | | | |
| | | | | | | | | |
| | | | | | | | | |
| | | | | | | | | |
| | | | | | | | | |
| 编制 | | 审核 | | 批准 | | 日期 | | 共　页　第　页 |

**零件加工工序卡**

| 单位名称 | | 产品名称或代号 | | 零件名称 | | 零件图号 | |
|---|---|---|---|---|---|---|---|
| 工序号 | 程序编号 | 夹具名称 | | 使用设备 | | 车间 | |
| 工步号 | 工步内容 | 刀具号 | 刀片规格 $R$(mm) | 主轴转速 $n$(r/min) | 进给速度 $V_c$(mm/min) | 背吃刀量 $a_p$(mm) | 备注 |
| | | | | | | | |
| | | | | | | | |
| | | | | | | | |
| | | | | | | | |
| | | | | | | | |
| 编制 | | 审核 | | 批准 | | 日期 | 共　页　第　页 |

**零件加工程序单**

程序名

| 程序段号 | 程序内容 | 说　明 |
|---|---|---|
| | | |
| | | |
| | | |
| | | |
| | | |
| | | |
| | | |
| | | |
| | | |
| | | |
| | | |
| | | |
| | | |
| | | |
| | | |
| | | |
| | | |
| | | |

（四）操作数控车床，完成零件实际加工

# 任务 4-2　典型零件加工（二）

## 一、任务要求

典型零件图（二）和三维实体图如图 4-2-1 及图 4-2-2 所示。

（1）会识读零件图样。

（2）会进行尺寸计算。

（3）会选择各种加工表面的相应刀具。

（4）会识别各类工、量、刀具。

（5）掌握内螺纹加工工艺的制定。

技术要求：
1. 不准使用砂布等修饰表面
2. 未注公差：长度尺寸 ±0.1
　　　　　　外径尺寸 -0.1
　　　　　　内径尺寸 +0.1
3. 未注倒角 C0.5

| 制图 | | 时间 | 180min | 典型零件（二） |
|---|---|---|---|---|
| 校核 | | | | |
| 比例 | 1：1 | 材料 | 铝合金 | 数控车工 |

图 4-2-1　典型零件图（二）和三维实体图

## 二、能力目标

（1）掌握一般轴类零件的加工方法。

（2）掌握内孔车刀刀具干涉方法。

（3）掌握有孔轴类零件的加工方法。

（4）能操作数控车床加工出典型零件。

## 三、知识准备

（一）数控车床轴类零件常用工具、量具

（1）数控车床一般所需工具，如图 4-2-2 ～ 图 4-2-11 所示。

（2）数控车床一般所需量具，如图 4-2-12 ～ 图 4-2-31 所示。其中，游标卡尺的使用方式如图 4-2-32 所示；百分表的使用方式如图 4-2-33 所示。

图 4-2-2　三爪自定心卡盘　　　图 4-2-3　四爪自定心卡盘　　　图 4-2-4　液压卡盘

图 4-2-5　刀架扳手和卡盘扳手　　　图 4-2-6　划线盘　　　图 4-2-7　杠杆式磁性表座

图 4-2-8　万向式磁性表座

图 4-2-9　钻夹头

图 4-2-10　中心钻

图 4-2-11　麻花钻

图 4-2-12　圆表游标卡尺

图 4-2-13　游标卡尺

图 4-2-14　数显游标卡尺

图 4-2-15 外径千分尺

图 4-2-16 数显式外径千分尺

图 4-2-17 外径千分尺结构图

图 4-2-18 内径千分尺

图 4-2-19 数显式内径千分尺

179

图 4-2-20 深度尺

图 4-2-21 数显式深度尺

图 4-2-22 百分表

图 4-2-23 数显式百分表

图 4-2-24 内径百分表

图 4-2-25 千分表及万向磁性表座

图 4-2-26　螺纹塞规

图 4-2-27　螺纹环规

图 4-2-28　R 规

图 4-2-29　表面粗糙度样板

图 4-2-30 表面粗糙度仪  图 4-2-31 三坐标测量仪

（a）测量工件宽度   （b）测量工件外径

（c）测量工件内径   （d）测量工件深度

图 4-2-32 游标卡尺使用方式

（a）          （b）

（c）          （d）

图 4-2-33 百分表使用方式

（二）数控车床轴类零件车削常用刀具（机夹式硬质合金刀具）

机床刀架情况：前置刀架，4 工位刀架，刀方为 20mm×20mm。

（1）外圆车刀型号说明，如图 4-2-34 所示。

图 4-2-34

正前角外圆车刀如图 4-2-35 所示。说明：方柄（20×20×125）规格见表 4-2-1。

（a）刀尖角80°、主偏角95°（粗加工）

（b）刀尖角35°、主偏角95°（精加工）

图 4-2-35

| 表 4-2-1 | | 车刀方柄规格 | | （单位：mm） |
| --- | --- | --- | --- | --- |
| $h$ | $b$ | $H$ | $F$ | $L$ |
| 20 | 20 | 20 | 25 | 125 |

（2）切断（槽）刀型号说明，如图 4-2-36 所示。

外切槽刀如图 4-2-37 所示。说明：方柄（20×20×125）规格见表 4-2-2。

内切槽刀如图 4-2-38 所示。说明：方柄（18×20×180）规格见表 4-2-3。

端面切槽刀如图 4-2-39 所示。说明：方柄（20×20×150）规格见表 4-2-4。

（3）内孔车刀型号说明如图 4-2-40 所示。

正前角内孔车刀如图 4-2-41、图 4-2-42 所示。说明：方柄（15×16×150）规格见表4-2-5。

图 4-2-36

刀宽 3mm、切深 10mm

图 4-2-37

表 4-2-2　　　　　　　　　　　　　　车刀方柄规格　　　　　　　　　　　　　（单位：mm）

| $W$ | $T_{max}$ | $h$ | $b$ | $H$ | $F$ | $L$ |
|---|---|---|---|---|---|---|
| 3 | 10 | 20 | 20 | 20 | 20.3 | 125 |

刀宽 3mm、切深 10mm

图 4-2-38

表 4-2-3　　　　　　　　　　　　　　车刀方柄规格　　　　　　　　　　　　　（单位：mm）

| $W$ | $T_{max}$ | $h$ | $d$ | $F$ | $L$ | $D_{min}$ |
|---|---|---|---|---|---|---|
| 3 | 6 | 18 | 20 | 16 | 180 | 25 |

首次切削直径

图 4-2-39

表 4-2-4　车刀方柄规格　（单位：mm）

| W | $T_{max}$ | $D_{min} \sim D_{max}$ | b | h | H | F | L |
|---|---|---|---|---|---|---|---|
| 4 | 20 | 132～230 | 20 | 20 | 20 | 25.6 | 150 |

图 4-2-40

刀尖角 80°，主偏角 95°（粗加工）

图 4-2-41

| 表 4-2-5 | | 车刀方柄规格 | | （单位：mm） |
| --- | --- | --- | --- | --- |
| $D_{min}$ | $d$ | $h$ | $F$ | $L$ |
| 20 | 16 | 15 | 11 | 150 |

刀尖角 35°，主偏角 93°（精加工）

图 4-2-42

（4）螺纹车刀型号说明，如图 4-2-43 所示。

图 4-2-43

外螺纹车刀如图 4-2-44 所示。说明：方柄（20×20×125）规格见表 4-2-6。

内螺纹车刀如图 4-2-45 所示。说明：方柄（18×20×150）规格见表 4-2-7。

刀尖角 60°、螺距 0.5 ~ 3

图 4-2-44

表 4-2-6                          车刀方柄规格                          （单位：mm）

| h | b | H | F | L |
|---|---|---|---|---|
| 20 | 20 | 20 | 25 | 125 |

刀尖角 60°、螺距 0.5 ~ 3

图 4-2-45

表 4-2-7                          车刀方柄规格                          （单位：mm）

| $d_1$ | d | F | L | h | $D_{min}$ | $l_1$ |
|---|---|---|---|---|---|---|
| 16 | 20 | 11.7 | 150 | 18 | 25 | 125 |

## 四、任务实施

编制图 4-2-46 所示零件的加工程序，零件毛坯为 φ55mm×120mm 棒料，材料为铝合金，操作数控车床完成零件的实际加工。

图 4-2-46 典型零件图

（一）加工工艺分析

1. 分析零件图

该零件由外圆直径分别为 φ53mm、φ50mm、φ40mm、φ32mm 的圆柱，以及内孔直径为 φ32mm 的圆柱、槽宽分别为 6mm 和 3mm 的沟槽、外螺纹 M30×1.5–6g、内螺纹 M30×1.5-6H、顺圆弧 R2 和 R8、逆圆弧 R22 和 R5.5、倒角 C1.5 等组成。其表面粗糙度为 Ra1.6 和 Ra3.2，但是外径和长度都有尺寸公差要求，特别是直径尺寸公差精度要求很高。零件右端面为其长度方向尺寸基准，零件总长为 95±0.05mm。

2. 确定加工方案及加工工艺路线

夹住零件右端毛坯外圆，加工左端内孔、内螺纹、外圆、切槽；然后调头夹住零件左端 φ53mm 外圆，加工零件右端外圆、槽、螺纹 M30×1.5–6g；具体工艺过程如下：

加工工艺路线：

（1）夹持零件右端毛坯外圆，伸出卡盘约 50mm（观察 Z 轴限位距离）。

①车左端面（手动）；

②选择 A3.15 钻中心孔，选择 φ26mm 的麻花钻，钻孔深为 45mm（手动）；

③粗、精车零件左端内轮廓；

④粗、精车零件左端内螺纹；

⑤粗、精车零件左端外轮廓；

⑥切槽。

（2）夹住零件左端 φ53mm 外圆。

①车右端面（手动）；

②粗、精车外轮廓；

③切槽；

④粗、精车外螺纹。

（二）实施设施准备

设备型号：凯达 CK6136S 数控车床。

毛坯：φ55mm×98mm 尼龙棒。

选择工、量、刃具，见表4-2-8。

表4-2-8　　　　　　　　　　工、量、刃具清单

| 工、量、刃具清单 | | | | 精度（mm） | 单位 | 数量 |
|---|---|---|---|---|---|---|
| 种类 | 序号 | 名称 | 规格 | | | |
| 工具 | 1 | 三爪自定心卡盘 | | | 个 | 1 |
| | 2 | 卡盘扳手 | | | 副 | 1 |
| | 3 | 刀架扳手 | | | 副 | 1 |
| | 4 | 垫刀片 | 0.5～2mm | | 块 | 若干 |
| | 5 | 划线盘 | | | 个 | 1 |
| | 6 | 磁性表座 | | | 个 | 1 |
| | 7 | 钻夹头 | | | 个 | 1 |
| | 8 | 内孔刀夹套 | | | 个 | 2 |
| 量具 | 1 | 游标卡尺 | 0～150mm | 0.02 | 把 | 1 |
| | 2 | 外径千分尺 | 25～50mm | 0.01 | 把 | 1 |
| | 3 | 内径千分尺 | 18～35mm | 0.01 | 把 | 1 |
| | 4 | 内径百分表 | φ18～φ35 | 0.01 | 把 | 1 |
| | 5 | 表面粗糙度样板 | 1.6，3.2 | | 套 | 2 |
| | 6 | 百分表 | 0～10mm | 0.01 | 只 | 1 |
| | 7 | 螺纹塞规 | M30×1.5-6H | | | |
| | 8 | 螺纹环规 | M26×1.5-6g | | | |
| | 9 | R规 | R2、R5.5、R8、R22 | | | |
| 刃具 | 1 | 外圆粗车刀 | 95° | | 把 | 1 |
| | 2 | 外圆精车刀 | 93° | | 把 | 1 |
| | 3 | 外切槽刀 | 刀宽3mm，切深10mm | | 把 | 1 |
| | 4 | 外螺纹车刀 | 60° | | 把 | 1 |
| | 5 | 内孔粗车刀 | 95° | | 把 | 1 |

续表

| 种类 | 序号 | 名称 | 规格 | 精度（mm） | 单位 | 数量 |
|------|------|------|------|-----------|------|------|
| | 6 | 内孔精车刀 | 93° | | | |
| 刀具 | 7 | 内螺纹车刀 | 60° | | 把 | 1 |
| | 8 | 中心钻 | A3.15 | | 把 | 1 |
| | 9 | 麻花钻 | $\phi23$mm | | 把 | 1 |

（三）编制加工工艺卡片（表 4-2-9~表 4-2-12）

表 4-2-9　　　　　　　　　　　　　　零件加工刀具卡

| 产品名称或代号 | | | 零件名称 | 典型零件（二） | 零件图号 | | | |
|------|------|------|------|------|------|------|------|------|
| 序号 | 刀具号 | 刀具名称 | 数量 | 加工表面 | 刀尖半径 $R$（mm） | 刀尖方位 T | 备注 | |
| 1 | T01 | 95°硬质合金外圆粗车刀 | 1 | 粗车外轮廓 | 0.8 | 3 | 刀尖角80° | |
| 2 | T02 | 93°硬质合金外圆精车刀 | 1 | 精车外轮廓 | 0.4 | 3 | 刀尖角35° | |
| 3 | T03 | 硬质合金切槽刀 | 1 | 切退刀槽 | | | 刀宽3mm | |
| 4 | T04 | 60°硬质合金外螺纹车刀 | 1 | 车螺纹 | | | 刀尖角60°螺距0.5~3 | |
| 5 | | A3中心钻 | 1 | 钻A3中心孔 | | | 安装在尾座套筒内 | |
| 6 | | $\phi26$mm麻花钻 | 1 | 钻$\phi23$孔 | | | 安装在尾座套筒内 | |
| | T05 | 95°硬质合金内孔粗车刀 | 1 | 粗车内轮廓 | 0.8 | | 刀尖角80° | |
| 7 | T06 | 93°硬质合金内孔精车刀 | 1 | 精车内轮廓 | 0.4 | | 刀尖角35° | |
| | T07 | 60°硬质合金内螺纹车刀 | 1 | 车内螺纹 | | | 刀尖角60°螺距0.5~3 | |
| 编制 | | 审核 | | 批准 | | 日期 | | 共　页　第　页 |

表 4-2-10                        零件左端加工工序卡

| 单位名称 | | 产品名称或代号 | | 零件名称 | | 零件图号 | |
|---|---|---|---|---|---|---|---|
| | | | | 典型零件(二) | | | |
| 工序号 | 程序编号 | 夹具名称 | | 使用设备 | | 车间 | |
| | | 三爪自定心卡盘 | | CK6136S 数控车床 | | 数控实训基地 | |
| 工步号 | 工步内容 | 刀具号 | 刀片规格 $R$(mm) | 主轴转速 $n$(r/min) | 进给速度 $V_c$(mm/min) | 背吃刀量 $a_p$(mm) | 备注 |
| 1 | 车端面 | T01 | 0.8mm | 1000 | 80 | 1.5 | |
| 2 | 钻中心孔 | | | 500 | 100 | 1.0 | |
| 3 | 钻孔 | | | 400 | 50 | 8 | |
| 4 | 粗加工内轮廓，留 0.5mm 精加工余量 | T05 | 0.8 | 1000 | 150 | 1.5 | |
| 5 | 精车内孔至尺寸 | T06 | 0.4 | 1800 | 120 | 0.5 | |
| 6 | 粗、精内螺纹至尺寸 | T07 | | 400 | 1.5 | 0.02~0.8 | 螺纹导程 1.5mm |
| 7 | 粗加工外轮廓，留 0.5mm 精加工余量 | T01 | 0.8 | 1000 | 150 | 1.5 | |
| 8 | 精加工外轮廓至尺寸 | T02 | 0.4 | 1800 | 120 | 0.5 | |
| 9 | 车槽 | T03 | 3 | 500 | 50 | 4 | |
| 编制 | | 审核 | | 批准 | | 日期 | 共 页 第 页 |

表 4-2-11                        零件右端加工工序卡

| 单位名称 | | 产品名称或代号 | | 零件名称 | | 零件图号 | |
|---|---|---|---|---|---|---|---|
| | | | | 典型零件(二) | | | |
| 工序号 | 程序编号 | 夹具名称 | | 使用设备 | | 车间 | |
| | | 三爪自定心卡盘 | | CK6136S 数控车床 | | 数控实训基地 | |
| 工步号 | 工步内容 | 刀具号 | 刀片规格 $R$(mm) | 主轴转速 $n$(r/min) | 进给速度 $V_c$(mm/min) | 背吃刀量 $a_p$(mm) | 备注 |
| 1 | 车端面 | T01 | 0.8 | 1000 | 80 | 1.5 | |

续表

| 工步号 | 工步内容 | 刀具号 | 刀片规格 $R(mm)$ | 主轴转速 $n(r/min)$ | 进给速度 $V_c(mm/min)$ | 背吃刀量 $a_p(mm)$ | 备注 |
|---|---|---|---|---|---|---|---|
| 2 | 粗加工外轮廓，留0.5mm精加工余量 | T01 | 0.8 | 1000 | 150 | 1.5 | |
| 3 | 精加工外轮廓至尺寸 | T02 | 0.4 | 1800 | 120 | 0.5 | |
| 4 | 车槽 | T03 | 3 | 500 | 50 | 4 | |
| 5 | 粗、精外螺纹至尺寸 | T04 | | 400 | 1.5 | 0.02~0.8 | |

| 编制 | | 审核 | | 批准 | | 日期 | | 共 页 | 第 页 |
|---|---|---|---|---|---|---|---|---|---|

表4-2-12          **零件加工程序单**

| 程序名 O0001 | | 零件左端内孔加工程序 |
|---|---|---|
| 程序段号 | 程序内容 | 说 明 |
| | ％0101 | 程序头 |
| N10 | M03 S1000 | 主轴正转,1000r/min(粗加工) |
| N20 | T0505 | 选择内孔粗车刀 |
| N30 | G00 X26 Z2 | 快速定位,靠近工件毛坯 |
| N40 | G71 U1.5 R1 P120 Q170 X-0.5 Z0 F150 | G71复合循环指令 |
| N50 | G00 X26 | 快速退刀 |
| N60 | Z100 | |
| N70 | T0606 | 选择内孔精车刀 |
| N80 | M05 | 主轴停转 |
| N90 | M00 | 主程序暂停 |
| N100 | M03 S1800 | 主轴转速,1800r/min(精加工) |
| N110 | G01 G41 Z0 F60 | 加入刀具半径补偿,快速定位至工件右端面Z0 |
| N120 | G01 X44 F120 | 精加工轮廓起始行ns |
| N130 | G02 X35.2 Z-13.2 R22 | 精加工 $R22$ 圆弧 |

续表

程序名　O0001

| 程序段号 | 程序内容 | 说　明 |
|---|---|---|
|  | %0101 | 程序头 |
| N140 | G03　X32　Z-18　R5.5 | 精加工 R5.5 圆弧 |
| N150 | G01Z-26 | 精加工内孔直径 φ32 |
| N160 | X28.052　W-1.5 | 倒角 C1.5 |
| N170 | Z-45 | 精加工 φ28.052 |
| N180 | G00　G40　X26 | 取消刀具半径补偿 |
| N190 | Z100 | 轴向快速退刀至 Z100 |
| N200 | T0707 | 选择内螺纹车刀 |
| N210 | S400 | 主轴转速,400r/min |
| N220 | G00　X28　Z-25 | 加工螺纹前快速定位 |
| N230 | G82　X28.05　W-13　F1.5 | 内螺纹循环加工 |
| N240 | G82　X28.6　W-13　F1.5 |  |
| N250 | G82　X29　W-13　F1.5 |  |
| N260 | G82　X29.4　W-13　F1.5 |  |
| N270 | G82　X29.8　W-13　F1.5 |  |
| N280 | G82　X30　W-13　F1.5 |  |
| N290 | G00　X26 | 径向快速退刀至 X26 |
| N300 | Z100 | 轴向快速退刀至 Z100 |
| N310 | M05 | 主轴停止 |
| N320 | M30 | 程序结束并返回程序开头 |

程序名　O0002　　　　　　　　零件左端外圆加工程序

| 程序段号 | 程序内容 | 说　明 |
|---|---|---|
|  | %0102 | 程序头 |
| N10 | M03S1000 | 主轴正转,1000r/min(粗加工) |
| N20 | T0101 | 选择外圆粗车刀 |
| N30 | G00　X57　Z2 | 快速定位,靠近工件毛坯 |
| N40 | G71　U1.5　R1　P110　Q180 X0.5　Z0　F150 | G71 复合循环指令 |
| N50 | G00　X100　Z100 | 快速退刀 |

196

程序名　O0002

| 程序段号 | 程序内容 | 说　　明 |
| --- | --- | --- |
|  | ％0102 | 程序头 |
| N60 | T0202 | 选择外圆精车刀 |
| N70 | M05 | 主轴停转 |
| N80 | M00 | 主程序暂停 |
| N90 | M03　S1800 | 主轴转速1800r/min（精加工） |
| N100 | G01　G41　X56　Z0　F60 | 加入刀具半径补偿，快速定位至工件右端面Z0 |
| N110 | G01　X52　F120 | 精加工轮廓起始行ns |
| N120 | X53　Z-0.5 | 倒角C0.5 |
| N130 | G01　Z-13 | 精加工φ53阶梯轴 |
| N140 | G03　X49　W-4　R5.5 | 圆弧精加工 |
| N150 | G01　W-6 | 定位到φ49 |
| N160 | X52 | 精加工φ52 |
| N170 | X53　W-0.5 | 倒角C0.5 |
| N180 | Z-50 | 精加工φ53至Z-50 |
| N190 | G00　G40　X54 | 取消刀具半径补偿 |
| N200 | G00　X100 | 径向快速退刀至X100 |
| N210 | Z100 | 轴向快速退刀至Z100 |
| N220 | T0303 | 换3号切槽刀 |
| N230 | S500 | 主轴转速,500r/min |
| N240 | G00　X57 | 快速定位 |
| N250 | Z-37 |  |
| N260 | G01　X40　F50 | 粗加工φ40槽 |
| N270 | G04　P2 | 槽底停留2s |
| N280 | X57 | X方向退出刀具 |
| N290 | W3 | Z方向移至到Z-34处 |
| N300 | G01　X40　F50 | 粗加工φ40槽 |
| N310 | G04P2 | 槽底停留2s |
| N320 | G01　Z-37 | 精加工槽底 |
| N330 | G00　X57 |  |
| N340 | Z-30.5 | 快速定位至Z-30.5 |
| N350 | G01　X53　F50 | 切削至φ53外圆面 |
| N360 | X52　W-0.5 | 倒角C0.5 |
| N370 | G00　X100 | 径向快速退刀至X100 |
| N380 | Z100 | 轴向快速退刀至Z100 |
| N390 | M05 | 主轴停转 |
| N400 | M30 | 程序结束并返回程序开头 |

续表

| 程序名 O0003 | | 零件右端加工程序 |
|---|---|---|
| 程序段号 | 程序内容 | 说　　明 |
| | %0102 | 程序头 |
| N10 | M03 S1000 | 主轴正转,1000r/min(粗加工) |
| N20 | T0101 | 选择外圆粗车刀 |
| N30 | G00 X57 Z×× | 快速定位,靠近工件毛坯(调头之后重新对刀,车削右端面,略大于测量的零件总长实际值2～3mm) |
| N40 | G71 U1.5 R1 P120 Q240 X0.5 Z0 F150 | G71 复合循环指令 |
| N50 | G00 X100 | 快速退刀 |
| N60 | Z100 | |
| N70 | T0202 | 选择外圆精车刀 |
| N80 | M05 | 主轴停转 |
| N90 | M00 | 主程序暂停 |
| N100 | M03 S1800 | 主轴正转,1800r/min(精加工) |
| N110 | G00 G41 X56 Z2 | 快速定位,靠近工件毛坯;加入刀具半径补偿,快速定位至工件右端面 Z2 |
| N120 | G01 Z0 F120 | 精加工轮廓起始行 ns |
| N130 | X27 | 右端面循环车削 |
| N140 | X30 Z-1.5 | 倒角 C1.5 |
| N150 | G01 Z-18 | |
| N170 | X31 | |
| N180 | X32 W-0.5 | 倒角 C0.5 |
| N190 | Z-27 | 精加工圆锥面 |
| N200 | G02 X35.2 Z-31.8 R8 | 精加工圆弧 R8 |
| N210 | G03 X43 Z-49.6 R22 | 精加工圆弧 R22 |
| N220 | G02 X46.947 W-2.4 R2 | 精加工圆弧 R2 |
| N230 | G01 X50 | |
| N240 | Z-64 | 精加工 $\phi50$ |
| N250 | G00 G40 X57 | 取消刀具半径补偿 |
| N260 | G00 X100 | 径向快速退刀至 X100 |
| N270 | Z100 | 轴向快速退刀至 Z100 |

程序名　O0003

| 程序段号 | 程序内容 | 说　明 |
| --- | --- | --- |
|  | ％0102 | 程序头 |
| N280 | S400 | 主轴转速 400r/min |
| N290 | T0303 | 选择外切槽刀 |
| N300 | G00　X30 | X 方向定位 |
| N310 | Z-18 | 切槽刀左刀尖点进刀至 Z-18 处 |
| N320 | G01　X27　F50 | 车槽至 φ27 |
| N330 | G04　P2 | 暂停 2s |
| N340 | G01　X30 | 退刀 |
| N350 | W1.5 |  |
| N360 | G01　X27　W-1.5　F40 | 倒角 C1.5 |
| N370 | G04　P2 | 暂停 2s |
| N380 | G00　X52 | 快速退刀 |
| N390 | Z-57.5 | 快速定位至 Z-57.5 |
| N400 | G01　X50 | 进刀至 φ50 |
| N410 | X49　W-0.5 | 倒角 C0.5 |
| N420 | G00　X100 | 径向快速退刀至 X100 |
| N430 | Z100 | 轴向快速退刀至 Z100 |
| N440 | T0404 | 选择外螺纹刀 |
| N450 | G00　X32 | X 方向定位 |
| N460 | Z2 | 进刀至螺纹加工起点 |
| N470 | G82　X29.2　Z-19　F2 | G82 螺纹循环加工 |
| N480 | G82　X28.6　Z-19　F2 |  |
| N490 | G82　X28.2　Z-19　F2 |  |
| N500 | G82　X28.05　Z-19　F2 |  |
| N510 | G82　X28.05　Z-19　F2 |  |
| N520 | G00　X100 | 径向快速退刀至 X100 |
| N530 | Z100 | 轴向快速退刀至 Z100 |
| N540 | M05 | 主轴停止 |
| N550 | M30 | 程序结束并返回程序开头 |

（四）评分（表 4-2-13）

表 4-2-13　　　　　　　　　　　　　典型零件图（二）评分标准

| 工种 | | | 编号 | | | 学号 | | | 总得分 | |
|---|---|---|---|---|---|---|---|---|---|---|
| 考核批次 | | | 机床编号 | | | 姓名 | | | | |
| 序号 | 考核项目 | 考核内容及要求 | | 配分 | 评分标准 | | 检测结果 | 扣分 | 得分 | |
| | | 数控车题 | | 合(70) | | | | | | |
| 1 | 外轮廓 (32) | $\phi27$ | $^{0}_{-0.1}$ | 1 | 超差不得分 | | | | | |
| 2 | | $\phi32^{0}_{-0.04}$ | IT | 2 | 每超差 0.01 扣 1 分 | | | | | |
| 3 | | $\phi50^{0}_{-0.04}$ | IT | 2 | 每超差 0.01 扣 1 分 | | | | | |
| 4 | | $\phi53^{0}_{-0.04}$ | IT | 2 | 每超差 0.01 扣 1 分 | | | | | |
| 5 | | $\phi40\pm0.02$ | IT | 2 | 每超差 0.01 扣 1 分 | | | | | |
| 6 | | $\phi49^{0}_{-0.04}$ | ±0.1 | 2 | 每超差 0.01 扣 1 分 | | | | | |
| 7 | | 18 | ±0.1 | 1 | 超差不得分 | | | | | |
| 8 | | 6±0.03 | IT | 2 | 每超差 0.01 扣 1 分 | | | | | |
| 9 | | 20±0.03 | IT | 2 | 每超差 0.01 扣 1 分 | | | | | |
| 10 | | 52 | ±0.1 | 1 | 超差不得分 | | | | | |
| 11 | | $R8$ | IT | 2 | 超差不得分 | | | | | |
| 12 | | $R22$ | IT | 2 | 超差不得分 | | | | | |
| 13 | | $R2$ | IT | 2 | 超差不得分 | | | | | |
| 14 | | $R5.5$ | IT | 2 | 超差不得分 | | | | | |
| 15 | | C1.5 | IT | 1 | 一处未倒扣 0.5 分 | | | | | |
| 16 | | 锐角倒钝 C0.5 | IT | 2 | 一处未倒扣 0.5 分 | | | | | |
| 17 | | Ra1.6 | IT | 3 | 超差一处扣 0.5 分 | | | | | |
| 18 | 外螺纹 (10) | M30×1.5-6g | IT | 10 | 合格给 10 分 | | | | | |
| 19 | | 表面粗糙度 | IT | | 不合格扣 2 分 | | | | | |
| 20 | | 大径 | IT | | 不合格扣 2 分 | | | | | |
| 21 | | 螺距 | IT | | 不合格扣 2 分 | | | | | |
| 22 | | 牙型 | IT | | 不合格扣 2 分 | | | | | |
| 23 | | 15 | IT | | 不合格扣 2 分 | | | | | |

续表

| 序号 | 考核项目 | 考核内容及要求 | | 配分 | 评分标准 | 检测结果 | 扣分 | 得分 |
|---|---|---|---|---|---|---|---|---|
| | 数控车题 | | | 合(70) | | | | |
| 24 | 内轮廓<br>(10) | $\phi32^{+0.04}_0$ | IT | 2 | 每超差 0.01 扣 1 分 | | | |
| 25 | | 27 | ±0.1 | 1 | 超差不得分 | | | |
| 26 | | R8 | IT | 2 | 超差不得分 | | | |
| 27 | | R22 | IT | 2 | 超差不得分 | | | |
| 28 | | C1.5 | IT | 1 | 一处未倒扣 0.5 分 | | | |
| 29 | | Ra1.6 | IT | 2 | 超差一处扣 0.5 分 | | | |
| 30 | 内螺纹<br>(10) | M30×1.5-6H | IT | 10 | 合格给 10 分 | | | |
| 31 | | 表面粗糙度 | IT | | 不合格扣 2 分 | | | |
| 32 | | 大径 | IT | | 不合格扣 2 分 | | | |
| 33 | | 螺距 | IT | | 不合格扣 2 分 | | | |
| 34 | | 牙型 | IT | | 不合格扣 2 分 | | | |
| 35 | | 13 | IT | | 不合格扣 2 分 | | | |
| 36 | 全长及<br>表面质量<br>(8) | 95±0.05 | IT | 3 | 每超差 0.01 扣 1 分 | | | |
| 37 | | 整体表<br>面质量 | IT | 5 | 一般扣 2 分 | | | |
| 38 | | | IT | | 差或未完成扣 5 分 | | | |
| | 规范操作、文明生产、加工工艺 | | | 合(30) | | | | |
| 1 | 文明<br>生产<br>规范<br>操作 | 1. 着装规范,未受伤<br>2. 刀具、工具、量具的放置<br>3. 工件装夹、刀具安装规范<br>4. 正确使用量具<br>5. 卫生、设备保养<br>6. 关机后机床停放位置不合理<br>7. 发生重大安全事故、严重违反操作规程者,取消考试<br>8. 服从安排<br>9. 开机前的检查和开机顺序正确<br>10. 正确对刀,回参考点,建立工件坐标系<br>11. 正确仿真校验 | | | 总扣 15 分<br>每违反一条酌情<br>扣 0.5 分,扣完<br>为止 | | | |
| 2 | 工艺<br>分析 | 1. 工件定位和夹紧不合理<br>2. 加工顺序不合理<br>3. 刀具选择不合理<br>4. 关键工序错误<br>5. 刀具有损坏 | | | 总扣 15 分<br>每违反一条酌情<br>扣 0.5 分,扣完<br>为止 | | | |

记录员　　　　监考人　　　　检验员　　　　考评人

（五）操作数控车床，完成零件实际加工

零件加工步骤如下：

（1）检查坯料尺寸。

（2）按顺序打开机床，并将机床回参考点。

（3）装夹刀具与工件。

把外圆粗车刀、外圆精车刀、切槽刀、外螺纹车刀、内孔粗车刀、内孔精车刀、内螺纹车刀按要求依次装入 T01、T02、T03、T04、T05、T06、T07 号刀位，但是数控车床现在只有 4 个刀位，所以，加工时用到哪些刀具就装哪些车刀，用完之后拆下，但是一定要注意刀具的刀位号。

（4）手动对刀，建立工件坐标系。

零件需要调头加工，调头之后重新对刀。车削端面，试切长度值略大于测量的零件总长实际值 2~3mm，对刀时要注意零件总长。

（5）程序输入。

（6）锁住机床，校验程序。

（7）程序校验无误后，开始加工。

（8）加工完成后，按照图纸检查零件。

（9）检查无误后，关机，清扫机床。

**五、任务总结评价**

（一）自我评估

针对能力目标，对自己在任务实施过程中的表现给出分数（满分 100 分）及 A 优秀、B 良好、C 合格、D 不合格等级予以客观评价。

| 知识与能力 | |
|---|---|
| 问题与建议 | |
| 自我打分：　　　分 | 评价等级：　　　级 |

（二）小组评价

小组同学对该同学在任务实施过程中的表现给出分数（单项 0~20 分）及等级予以客观、合理评价。

| 独立工作能力 | 学习创新能力 | 小组发挥作用 | 任务完成 | 其　他 |
|---|---|---|---|---|
| 分 | 分 | 分 | 分 | 分 |
| 五项总计得分：　　　分 | | | 评价等级：　　　级 | |

（三）教师评价

指导教师根据学生在学习及任务实施过程中的工作态度、综合能力、任务完成情况予以评价。

得分：　　　分，评价等级：　　　级

（四）任务综合评价

| 姓　名 | | 小组 | 指导教师 | 班 | | | |
|---|---|---|---|---|---|---|---|
| | | | | 年　月　日 | | | |
| 项目 | 评价标准 | | 评价依据 | 自评 | 小组评 | 老师评 | 小计分 |
| 专业能力 | 1. 车削加工工艺制定正确，切削用量选择合理<br>2. 程序正确、简单、规范<br>3. 刀具选择及安装正确、规范<br>4. 工件找正及安装正确、规范<br>5. 工件加工完整、正确<br>6. 有独立的工作能力和创新意识 | | 1. 操作准确、规范<br>2. 工作任务完成的程度及质量<br>3. 独立工作能力<br>4. 解决问题能力 | 0～25分 | 0～25分 | 0～50分 | （自评+组评+师评）×0.6 |
| | | | | 权重 0.6 | | | |
| 职业素养 | 1. 遵守规章制度、劳动纪律<br>2. 积极参加团队作业，有良好的协作精神<br>3. 能综合运用知识，有较强学习能力和信息分析能力<br>4. 自觉遵守 6S 要求 | | 1. 遵守纪律<br>2. 工作态度<br>3. 团队协作精神<br>4. 学习能力<br>5. 6S 要求 | 0～25分 | 0～25分 | 0～50分 | （自评+组评+师评）×0.4 |
| | | | | 权重 0.4 | | | |
| 评价 | A（优　秀）：100～90 分<br>B（良　好）：89～70 分<br>C（合　格）：69～60 分<br>D（不合格）：59 分及以下 | | 能力+素养<br>总计得分 | 分 | | | |
| | | | 等级 | 级 | | | |

### 六、技能拓展

编制如图 4-2-47 所示零件的加工程序，零件毛坯为 $\phi$55mm×120 mm 棒料，材料为铝合金，操作数控车床完成零件的实际加工。

| 制图 | | 时间 | 180min | 典型零件 |
| --- | --- | --- | --- | --- |
| 校核 | | | | |
| 比例 | 1:1 | 材料 | 铝合金 | 数控车工 |

技术要求：
1. 不准使用砂布等修饰表面
2. 未注公差：长度尺寸 ±0.1
　　　　　　外径尺寸 −0.1
　　　　　　内径尺寸 +0.1
3. 未注倒角 C0.5

图 4-2-47　典型零件加工图

### （一）加工工艺分析

#### 1. 分析零件图

2. 确定加工方案及加工工艺路线

加工方案：




加工工艺路线：



（二）实施设施准备



**工、量、刃具清单**

| 工、量、刃具清单 | | | | 精度（mm） | 单位 | 数量 |
|---|---|---|---|---|---|---|
| 种类 | 序号 | 名称 | 规格 | | | |
| 工具 | 1 | | | | | |
| | 2 | | | | | |
| | 3 | | | | | |
| | 4 | | | | | |
| | 5 | | | | | |
| | 6 | | | | | |
| | 7 | | | | | |
| | 8 | | | | | |

续表

| 工、量、刃具清单 | | | | 精度（mm） | 单位 | 数量 |
|---|---|---|---|---|---|---|
| 种类 | 序号 | 名称 | 规格 | | | |
| 量具 | 1 | | | | | |
| | 2 | | | | | |
| | 3 | | | | | |
| | 4 | | | | | |
| | 5 | | | | | |
| | 6 | | | | | |
| | 7 | | | | | |
| | 8 | | | | | |
| | 9 | | | | | |
| 刃具 | 1 | | | | | |
| | 2 | | | | | |
| | 3 | | | | | |
| | 4 | | | | | |
| | 5 | | | | | |
| | 6 | | | | | |
| | 7 | | | | | |
| | 8 | | | | | |
| | 9 | | | | | |

（三）编制加工工艺卡片

**零件加工刀具卡**

| 产品名称或代号 | | 零件名称 | | 零件图号 | | |
|---|---|---|---|---|---|---|
| 序号 | 刀具号 | 刀具名称 | 数量 | 加工表面 | 刀尖半径 $R$（mm） | 刀尖方位 T | 备注 |
| | | | | | | | |
| | | | | | | | |
| | | | | | | | |
| | | | | | | | |
| | | | | | | | |
| | | | | | | | |
| | | | | | | | |
| 编制 | | 审核 | | 批准 | | 日期 | | 共 页 | 第 页 |

**零件加工工序卡**

| 单位名称 | | 产品名称或代号 | | 零件名称 | | 零件图号 | |
|---|---|---|---|---|---|---|---|
| | | | | | | | |
| 工序号 | 程序编号 | 夹具名称 | | 使用设备 | | 车间 | |
| | | | | | | | |
| 工步号 | 工步内容 | 刀具号 | 刀片规格 $R(\text{mm})$ | 主轴转速 $n(\text{r/min})$ | 进给速度 $V_c(\text{mm/min})$ | 背吃刀量 $a_p(\text{mm})$ | 备注 |
| | | | | | | | |
| | | | | | | | |
| | | | | | | | |
| | | | | | | | |
| | | | | | | | |
| 编制 | | 审核 | | 批准 | | 日期 | | 共 页 | 第 页 |

**零件加工程序单**

| 程序名 | | |
|---|---|---|
| 程序段号 | 程序内容 | 说　明 |
| | | |
| | | |
| | | |
| | | |
| | | |
| | | |
| | | |
| | | |
| | | |
| | | |
| | | |

（四）操作数控车床,完成零件实际加工

# 项目 5　综合零件加工

## 任务 5-1　综合零件加工（一）

### 一、任务要求

如图 5-1-1 ~ 图 5-1-4 所示为零件图及零件配合方式图。

技术要求:
1. 不准用纱布及锉刀等修饰表面(可清理毛刺)。
2. 未注倒角C1.5。
3. 零件一与零件二圆锥配合,要求接触面积不小于70%。
4. 零件一与零件二螺纹配合,要求旋入灵活。

| 制图 | | 时间 | 180min | 综合零件加工（一） |
|---|---|---|---|---|
| 校核 | | 图号 | 零件一 | |
| 比例 | 1:1 | 材料 | 铝合金 | 数控车工 |

图 5-1-1　零件一和三维实体图

技术要求:
1. 不准用纱布及锉刀等修饰表面(可清理毛刺)。
2. 未注倒角C1.5。
3. 零件一与零件二圆锥配合,要求接触面积不小于70%。
4. 零件一与零件二螺纹配合,要求旋入灵活。

| 制图 | | 时间 | 180min | 综合零件加工(一) |
|---|---|---|---|---|
| 校核 | | 图号 | 零件二 | |
| 比例 | 1:1 | 材料 | 铝合金 | 数控车工 |

图 5-1-2　零件二和三维实体图

要求:
(1)会识读零件图样。
(2)会制定配合类零件的加工工艺。
(3)会编制配合类零件加工程序。

**二、能力目标**

(1)掌握配合类零件加工方法。
(2)掌握精度控制方法。

技术要求:
1. 零件一与零件二圆锥配合,要求接触面积不小于70%。
2. 零件一与零件二螺纹配合,要求旋入灵活。

| 制图 | | 时间 | 180min | 综合零件加工(一) |
|---|---|---|---|---|
| 校核 | | 图号 | 两零件装配 | |
| 比例 | 1:1 | 材料 | 铝合金 | 数控车工 |

图 5-1-3 零件配合方式一、二

### 三、任务实施

(一)加工工艺分析

1. 分析零件图

技术要求:
1. 零件一与零件二圆锥配合，要求接触面积不小于70%。
2. 零件一与零件二螺纹配合，要求旋入灵活。

| 制图 | | 时间 | 180min | 综合零件加工（一） |
|---|---|---|---|---|
| 校核 | | 图号 | 两零件装配 | |
| 比例 | 1：1 | 材料 | 铝合金 | 数控车工 |

图5-1-4　零件配合方式三

## 2. 确定加工方案及加工工艺路线

加工方案:




加工工艺路线:

## （二）实施设施准备

工、量、刃具清单

| 工、量、刃具清单 | | | | 精度（mm） | 单位 | 数量 |
|---|---|---|---|---|---|---|
| 种类 | 序号 | 名称 | 规格 | | | |
| 工具 | 1 | | | | | |
| | 2 | | | | | |
| | 3 | | | | | |
| | 4 | | | | | |
| | 5 | | | | | |
| | 6 | | | | | |
| | 7 | | | | | |
| | 8 | | | | | |
| 量具 | 1 | | | | | |
| | 2 | | | | | |
| | 3 | | | | | |
| | 4 | | | | | |
| | 5 | | | | | |
| | 6 | | | | | |
| | 7 | | | | | |
| | 8 | | | | | |
| | 9 | | | | | |
| 刃具 | 1 | | | | | |
| | 2 | | | | | |
| | 3 | | | | | |
| | 4 | | | | | |
| | 5 | | | | | |
| | 6 | | | | | |
| | 7 | | | | | |
| | 8 | | | | | |
| | 9 | | | | | |

（三）编制加工工艺卡片

### 零件加工刀具卡

| 产品名称或代号 | | 零件名称 | | | 零件图号 | | |
|---|---|---|---|---|---|---|---|
| 序号 | 刀具号 | 刀具名称 | 数量 | 加工表面 | 刀尖半径 $R$(mm) | 刀尖方位 T | 备注 |
| | | | | | | | |
| | | | | | | | |
| | | | | | | | |
| | | | | | | | |
| | | | | | | | |
| | | | | | | | |
| 编制 | | 审核 | | 批准 | | 日期 | | 共　页　第　页 |

### 零件加工工序卡

| 单位名称 | | 产品名称或代号 | | 零件名称 | | 零件图号 | |
|---|---|---|---|---|---|---|---|
| 工序号 | 程序编号 | 夹具名称 | | 使用设备 | | 车间 | |
| | | | | | | | |
| 工步号 | 工步内容 | 刀具号 | 刀片规格 $R$(mm) | 主轴转速 $n$(r/min) | 进给速度 $V_c$(mm/min) | 背吃刀量 $a_p$(mm) | 备注 |
| | | | | | | | |
| | | | | | | | |
| | | | | | | | |
| | | | | | | | |
| | | | | | | | |
| | | | | | | | |
| 编制 | | 审核 | | 批准 | | 日期 | | 共　页　第　页 |

**零件加工程序单**

程序名

| 程序段号 | 程序内容 | 说　明 |
| --- | --- | --- |
|  |  |  |
|  |  |  |
|  |  |  |
|  |  |  |
|  |  |  |
|  |  |  |
|  |  |  |
|  |  |  |
|  |  |  |
|  |  |  |
|  |  |  |
|  |  |  |
|  |  |  |
|  |  |  |
|  |  |  |
|  |  |  |
|  |  |  |
|  |  |  |
|  |  |  |

(四)操作数控车床,完成零件实际加工

（五）综合零件加工（一）评分标准

1. 零件—检测项目（38分）

| 项目 | 序号 | 检测内容 | | 配分 | 评分标准 | 检测结果 | 得分 |
|---|---|---|---|---|---|---|---|
| 外圆 | 1 | $\phi 38_{-0.04}^{0}$ | 尺寸 | 4 | 超差0.01扣2分 | | |
| | | | $Ra1.6$ | 1 | 降一级全扣 | | |
| | 2 | $\phi 30_{-0.04}^{0}$ | 尺寸 | 4 | 超差0.01扣2分 | | |
| | | | $Ra1.6$ | 1 | 降一级全扣 | | |
| | 3 | $\phi 42_{-0.04}^{0}$ | 尺寸 | 4 | 超差0.01扣2分 | | |
| | | | $Ra1.6$ | 1 | 降一级全扣 | | |
| 外螺纹 | 4 | M30×1.5-6g | | 4 | 螺纹环规检测不合格全扣 | | |
| | | $Ra3.2$ | | 1 | 降一级全扣 | | |
| 长度 | 5 | 20 | | 1 | 超差不得分 | | |
| | 6 | $3-5_{-0.1}^{0}$ | | 3 | 超差不得分 | | |
| | 7 | $91_{-0.1}^{0}$ | | 2 | 超差不得分 | | |
| | 8 | $36_{-0.1}^{0}$ | | 2 | 超差不得分 | | |
| | 9 | $35_{-0.1}^{0}$ | | 2 | 超差不得分 | | |
| | 10 | $116_{-0.1}^{0}$ | | 2 | 超差不得分 | | |
| 圆弧连接 | 11 | $R5$ | | 2 | 超差不得分 | | |
| | | $Ra1.6$ | | 1 | 降一级全扣 | | |
| 倒角 | 12 | C2 | | 1 | 未倒角不得分 | | |
| 圆锥 | 13 | 1：5 | | 1 | 超差不得分 | | |
| | | $Ra1.6$ | | 1 | 超差不得分 | | |
| 总计 | | | | | | | |

### 2. 零件二检测项目(37分)

| 项目 | 序号 | 检测内容 | | 配分 | 评分标准 | 检测结果 | 得分 |
|---|---|---|---|---|---|---|---|
| 外圆 | 1 | $\phi 48_{-0.033}^{0}$ | 尺寸 | 4 | 超差0.01扣2分 | | |
| | | | $Ra1.6$ | 2 | 降一级全扣 | | |
| | 2 | $\phi 38_{-0.1}^{0}$ | 尺寸 | 4 | 超差0.01扣2分 | | |
| | | | $Ra1.6$ | 1 | 降一级全扣 | | |
| | 3 | $\phi 52_{-0.04}^{0}$ | 尺寸 | 4 | 超差0.01扣2分 | | |
| | | | $Ra1.6$ | 1 | 降一级全扣 | | |
| 内孔 | 4 | $\phi 20$ | 尺寸 | 2 | 超差不得分 | | |
| 内螺纹 | 5 | M30×1.5-6H | | 4 | 螺纹塞规检测<br>不合格全扣 | | |
| | | $Ra3.2$ | | 1 | 降一级全扣 | | |
| 长度 | 6 | $66_{-0.1}^{0}$ | | 2 | 超差0.05扣2分 | | |
| | 7 | $23_{-0.08}^{0}$ | | 2 | 超差0.05扣2分 | | |
| | 8 | $36_{-0.1}^{0}$ | | 2 | 超差0.05扣2分 | | |
| | 9 | $2-5_{-0.1}^{0}$ | | 4 | 超差0.05扣2分 | | |
| 圆弧连接 | 10 | $R5$ | | 2 | 超差不得分 | | |
| | | $Ra1.6$ | | 1 | 降一级全扣 | | |
| 倒角 | 11 | C2 | | 1 | 未倒角不得分 | | |
| 总计 | | | | | | | |

### 3. 配合后检测项目(25分)

| 项目 | 序号 | 检测内容 | 配分 | 评分标准 | 检测结果 | 得分 |
|---|---|---|---|---|---|---|
| 螺纹配合 | 1 | 内外螺纹配合 | 5 | 不能配合全扣 | | |
| | | 157±0.15 | 5 | 超差不得分 | | |
| 圆锥配合 | 2 | 内外圆锥配合 | 5 | 涂色检查超差不得分 | | |
| | | 157±0.15 | 5 | 超差不得分 | | |
| 配合3 | 3 | 切槽、圆弧配合 | 5 | 超差不得分 | | |
| 总计 | | | | | | |

## 四、任务总结评价

（一）自我评估

针对能力目标，对自己在任务实施过程中的表现给出分数（满分 100 分）以及 A 优秀、B 良好、C 合格、D 不合格等级予以客观评价。

| 知识 与 能力 | |
|---|---|
| | |
| | |
| | |
| 问题 与 建议 | |
| | |
| | |
| 自我打分：　　　分 | 评价等级：　　　级 |

（二）小组评价

小组同学对该同学在任务实施过程中的表现给出分数（单项 0～20 分）及等级予以客观、合理评价。

| 独立工作能力 | 学习创新能力 | 小组发挥作用 | 任务完成 | 其　他 |
|---|---|---|---|---|
| 分 | 分 | 分 | 分 | 分 |
| 五项总计得分：　　　分 | | | 评价等级：　　　级 | |

（三）教师评价

指导教师根据学生在学习及任务实施过程中的工作态度、综合能力、任务完成情况予以评价。

| |
|---|
| |
| |
| |
| 得分：　　　分，评价等级：　　　级 |

**（四）任务综合评价**

| 姓　名 | 小组 | 指导教师 | 班 |
|---|---|---|---|
|  |  |  | 年　月　日 |

| 项目 | 评价标准 | 评价依据 | 自评 | 小组评 | 老师评 | 小计分 |
|---|---|---|---|---|---|---|
| 专业能力 | 1. 车削加工工艺制定正确，切削用量选择合理<br>2. 程序正确、简单、规范<br>3. 刀具选择及安装正确、规范<br>4. 工件找正及安装正确、规范<br>5. 工件加工完整、正确<br>6. 有独立的工作能力和创新意识 | 1. 操作准确、规范<br>2. 工作任务完成的程度及质量<br>3. 独立工作能力<br>4. 解决问题能力 | 0~25分 | 0~25分 | 0~50分 | （自评+组评+师评）×0.6 |
| | | 权重 0.6 | | | | |
| 职业素养 | 1. 遵守规章制度、劳动纪律<br>2. 积极参加团队作业，有良好的协作精神<br>3. 能综合运用知识，有较强学习能力和信息分析能力<br>4. 自觉遵守6S要求 | 1. 遵守纪律<br>2. 工作态度<br>3. 团队协作精神<br>4. 学习能力<br>5. 6S要求 | 0~25分 | 0~25分 | 0~50分 | （自评+组评+师评）×0.4 |
| | | 权重 0.4 | | | | |
| 评价 | A（优　秀）：100~90分<br>B（良　好）：89~70分<br>C（合　格）：69~60分<br>D（不合格）：59分及以下 | 能力+素养<br>总计得分 | | | 分 | |
| | | 等　级 | | | 级 | |

## 五、技能拓展

编制如图 5-1-5 所示零件的加工程序。零件毛坯为零件一 $\phi50\text{mm}\times70\text{mm}$、零件二 $\phi50\text{mm}\times60\text{mm}$ 棒料，材料为铝合金和45#钢，分别编制两种被加工材料的使用加工刀具卡、加工工序卡、加工程序等工艺文件；操作数控车床完成零件的实际加工。

(a) 零件一

(b) 零件二

（c）装配方式（一）

（d）装配方式（二）

图 5-1-5　综合零件加工图

（一）加工工艺分析

1. 分析零件图

2. 确定加工方案及加工工艺路线

加工方案：

加工工艺路线：

（二）实施设施准备

### 工、量、刃具清单

| 种类 | 序号 | 名称 | 规格 | 精度（mm） | 单位 | 数量 |
|---|---|---|---|---|---|---|
| 工具 | 1 | | | | | |
| | 2 | | | | | |
| | 3 | | | | | |
| | 4 | | | | | |
| | 5 | | | | | |
| | 6 | | | | | |
| | 7 | | | | | |
| | 8 | | | | | |
| 量具 | 1 | | | | | |
| | 2 | | | | | |
| | 3 | | | | | |
| | 4 | | | | | |
| | 5 | | | | | |
| | 6 | | | | | |
| | 7 | | | | | |
| | 8 | | | | | |
| | 9 | | | | | |
| 刃具 | 1 | | | | | |
| | 2 | | | | | |
| | 3 | | | | | |
| | 4 | | | | | |
| | 5 | | | | | |
| | 6 | | | | | |
| | 7 | | | | | |
| | 8 | | | | | |
| | 9 | | | | | |

（三）编制加工工艺卡片

**零件加工刀具卡**

| 产品名称或代号 | | | 零件名称 | | 零件图号 | | |
|---|---|---|---|---|---|---|---|
| 序号 | 刀具号 | 刀具名称 | 数量 | 加工表面 | 刀尖半径 $R$（mm） | 刀尖方位 T | 备注 |
| | | | | | | | |
| | | | | | | | |
| | | | | | | | |
| | | | | | | | |
| | | | | | | | |
| | | | | | | | |
| | | | | | | | |

| 编制 | | 审核 | | 批准 | | 日期 | | 共　页 | 第　页 |
|---|---|---|---|---|---|---|---|---|---|

**零件加工工序卡**

| 单位名称 | | 产品名称或代号 | | 零件名称 | | 零件图号 | |
|---|---|---|---|---|---|---|---|
| 工序号 | 程序编号 | 夹具名称 | | 使用设备 | | 车间 | |
| 工步号 | 工步内容 | 刀具号 | 刀片规格 $R$(mm) | 主轴转速 $n$(r/min) | 进给速度 $V_c$(mm/min) | 背吃刀量 $a_p$(mm) | 备注 |
| | | | | | | | |
| | | | | | | | |
| | | | | | | | |
| | | | | | | | |
| | | | | | | | |
| | | | | | | | |

| 编制 | | 审核 | | 批准 | | 日期 | | 共　页 | 第　页 |
|---|---|---|---|---|---|---|---|---|---|

## 零件加工程序单

程序名

| 程序段号 | 程序内容 | 说　明 |
|---|---|---|
|  |  |  |
|  |  |  |
|  |  |  |
|  |  |  |
|  |  |  |
|  |  |  |
|  |  |  |
|  |  |  |
|  |  |  |
|  |  |  |
|  |  |  |
|  |  |  |
|  |  |  |
|  |  |  |
|  |  |  |
|  |  |  |
|  |  |  |

（四）操作数控车床，完成零件实际加工

# 任务 5-2 综合零件加工(二)

## 一、任务要求

如图 5-2-1 ~ 图 5-2-4 所示为零件图及零件配合方式图。

技术要求:
1. 不准用纱布及锉刀等修饰表面(可清理毛刺)。
2. 未注倒角C1.5。
3. 零件一与零件二圆锥配合,要求接触面积
   不小于70%。
4. 零件一与零件二螺纹配合,要求旋入灵活。

| 制图 | | 时间 | 180min | 综合零件加工(二) |
|---|---|---|---|---|
| 校核 | | 图号 | 零件一 | |
| 比例 | 1:1 | 材料 | 铝合金 | 数控车工 |

图 5-2-1 零件一和三维实体图

要求：

（1）会识读零件图样。

（2）会制定配合类零件的加工工艺。

（3）会编制配合类零件加工程序。

## 二、能力目标

（1）掌握配合类零件加工方法。

（2）掌握精度控制方法。

技术要求：

1. 不准用纱布及锉刀等修饰表面(可清理毛刺)。

2. 未注倒角C1.5。

3. 零件一与零件二圆锥配合，要求接触面积不小于70%。

4. 零件一与零件二螺纹配合，要求旋入灵活。

| 制图 | | 时间 | 180min | 综合零件加工(二) |
|---|---|---|---|---|
| 校核 | | 图号 | 零件二 | |
| 比例 | 1:1 | 材料 | 铝合金 | 数控车工 |

图 5-2-2  零件二和三维实体图

技术要求:
1. 零件一与零件二圆锥配合，要求接触面积不小于70%。
2. 零件一与零件二螺纹配合，要求旋入灵活。

| 制图 | | 时间 | 180min | 综合零件加工(二) |
|---|---|---|---|---|
| 校核 | | 图号 | 两零件装配 | |
| 比例 | 1：1 | 材料 | 铝合金 | 数控车工 |

图 5-2-3  零件配合方式一

## 三、任务实施

### （一）加工工艺分析

### 1. 分析零件图

技术要求：
1. 零件一与零件二圆锥配合，要求接触面积不小于70%。
2. 零件一与零件二螺纹配合，要求旋入灵活。

| 制图 | | 时间 | 180min | 综合零件加工 (二) |
|------|------|------|------|------|
| 校核 | | 图号 | 两零件装配 | |
| 比例 | 1：1 | 材料 | 铝合金 | 数控车工 |

图 5-2-4　零件配合方式二

## 2. 确定加工方案及加工工艺路线

加工方案：


加工工艺路线：

（二）实施设施准备

<br>

<br>

### 工、量、刃具清单

| 工、量、刃具清单 | | | | 精度（mm） | 单位 | 数量 |
|---|---|---|---|---|---|---|
| 种类 | 序号 | 名称 | 规格 | | | |
| 工具 | 1 | | | | | |
| | 2 | | | | | |
| | 3 | | | | | |
| | 4 | | | | | |
| | 5 | | | | | |
| | 6 | | | | | |
| | 7 | | | | | |
| | 8 | | | | | |
| 量具 | 1 | | | | | |
| | 2 | | | | | |
| | 3 | | | | | |
| | 4 | | | | | |
| | 5 | | | | | |
| | 6 | | | | | |
| | 7 | | | | | |
| | 8 | | | | | |
| | 9 | | | | | |

续表

| 工、量、刃具清单 | | | | 精度（mm） | 单位 | 数量 |
|---|---|---|---|---|---|---|
| 种类 | 序号 | 名称 | 规格 | | | |
| 刃具 | 1 | | | | | |
| | 2 | | | | | |
| | 3 | | | | | |
| | 4 | | | | | |
| | 5 | | | | | |
| | 6 | | | | | |
| | 7 | | | | | |
| | 8 | | | | | |
| | 9 | | | | | |

（三）编制加工工艺卡片

### 零件加工刀具卡

| 产品名称或代号 | | 零件名称 | | 零件图号 | | | |
|---|---|---|---|---|---|---|---|
| 序号 | 刀具号 | 刀具名称 | 数量 | 加工表面 | 刀尖半径 $R$（mm） | 刀尖方位 $T$ | 备注 |
| | | | | | | | |
| | | | | | | | |
| | | | | | | | |
| | | | | | | | |
| | | | | | | | |
| | | | | | | | |
| | | | | | | | |
| | | | | | | | |
| 编制 | | 审核 | | 批准 | | 日期 | 共 页 第 页 |

零件加工工序卡

| 单位名称 | | 产品名称或代号 | | 零件名称 | | 零件图号 | |
|---|---|---|---|---|---|---|---|
| 工序号 | 程序编号 | 夹具名称 | | 使用设备 | | 车间 | |
| 工步号 | 工步内容 | 刀具号 | 刀片规格 $R(\mathrm{mm})$ | 主轴转速 $n(\mathrm{r/min})$ | 进给速度 $V_c(\mathrm{mm/min})$ | 背吃刀量 $a_p(\mathrm{mm})$ | 备注 |
| | | | | | | | |
| | | | | | | | |
| | | | | | | | |
| | | | | | | | |
| | | | | | | | |

| 编制 | | 审核 | | 批准 | | 日期 | | 共 页 | 第 页 |
|---|---|---|---|---|---|---|---|---|---|

零件加工程序单

| 程序名 | | |
|---|---|---|
| 程序段号 | 程序内容 | 说 明 |
| | | |
| | | |
| | | |
| | | |
| | | |
| | | |
| | | |
| | | |
| | | |
| | | |
| | | |

（四）操作数控车床，完成零件实际加工

（五）综合零件加工（二）评分标准

1. 零件一检测项目

| 姓名 | | | 准考证 | | | 定额时间 | | 90min | |
|---|---|---|---|---|---|---|---|---|---|
| 工种 | 数控车工 | | 图号 | | | 加工时间 | | | |
| 设备 | 数控车床 | | 零件名称 | | 轴套类零件一 | 总分 | | 38 分 | |

| 序号 | 考核项目 | 考核内容及要求 | | 配分 | 评分标准 | 检查结果 | 扣分 | 得分 | 备注 |
|---|---|---|---|---|---|---|---|---|---|
| 1 | 外圆及成形面 | $\phi 26_{-0.02}^{0}$ | IT | 4 | 超差 0.01 扣 2 分 | | | | |
| 2 | | $\phi 22\pm0.02$ | IT | 4 | 超差 0.01 扣 2 分 | | | | |
| 3 | | $\phi 48\pm0.02$ | IT | 4 | 超差 0.01 扣 2 分 | | | | |
| 4 | | $\phi 34\pm0.02$ | IT | 4 | 超差 0.01 扣 2 分 | | | | |
| 5 | 螺纹 | M30×1.5 | IT | 6 | 不合格不得分 | | | | |
| | | $Ra1.6$ | $Ra$ | | | | | | |
| 6 | 长度 | $98\pm0.03$ | IT | 4 | 超差 0.01 扣 2 分 | | | | |
| 7 | 圆弧 | $R3$ | | 1 | 不合格不得分 | | | | |
| 8 | | $2-R2.5$ | | 2 | 不合格不得分 | | | | |
| 9 | | $R49.72$ | | 1 | 不合格不得分 | | | | |
| 10 | | $2-R4.5$ | | 2 | 不合格不得分 | | | | |
| 11 | | $R29.28$ | | 1 | 不合格不得分 | | | | |
| 12 | 光洁度 | $5-Ra1.6$ | $Ra$ | 5 | 每处降一级不得分 | | | | |

| 程序编制 | 程序中有严重违反工艺的即取消考试资格；<br>有小问题则酌情扣分，扣分不超过 20 分 |
|---|---|
| 加工时间 | 30min 后尚未开始加工即终止考试；90min 后每超 1min 扣 1 分 |

| 监考员 | | 考评员 | | 成绩 | | 日期 | |
|---|---|---|---|---|---|---|---|

## 2. 零件二检测项目

| 姓名 | | | 准考证 | | 定额时间 | 90min | | |
|---|---|---|---|---|---|---|---|---|
| 工种 | 数控车工 | | 图号 | | 加工时间 | | | |
| 设备 | 数控车床 | | 零件名称 | 轴套类零件二 | 总分 | 36 分 | | |
| 序号 | 考核项目 | 考核内容及要求 | | 配分 | 评分标准 | 检查结果 | 扣分 | 得分 | 备注 |
| 1 | 外圆及成形面 | $\phi26\pm0.02$ | IT | 4 | 超差 0.01 扣 2 分 | | | | |
| 2 | | $\phi48\pm0.03$ | IT | 4 | 超差 0.01 扣 2 分 | | | | |
| 3 | 内孔 | $\phi26^{+0.02}_{0}$ | IT | 4 | 超差 0.01 扣 2 分 | | | | |
| 4 | 螺纹 | M30×1.5 | IT | 6 | 不合格不得分 | | | | |
| | | $Ra1.6$ | $Ra$ | | | | | | |
| 6 | 长度 | $98\pm0.03$ | IT | 4 | 超差 0.01 扣 2 分 | | | | |
| 5 | 圆弧 | $R16$ | | 1 | 不合格不得分 | | | | |
| 6 | | $R2.5$ | | 1 | 不合格不得分 | | | | |
| 7 | | $R3$ | | 1 | 不合格不得分 | | | | |
| 8 | 长度 | $48\pm0.03$ | IT | 4 | 超差 0.01 扣 2 分 | | | | |
| 9 | | $20\pm0.03$ | IT | 4 | 超差 0.01 扣 2 分 | | | | |
| 10 | | $\phi20^{+0.05}_{+0.01}$ | IT | 4 | 超差 0.01 扣 2 分 | | | | |
| 11 | 光洁度 | $3-Ra1.6$ | $Ra$ | 5 | 每处降一级不得分 | | | | |
| 程序编制 | | 程序中有严重违反工艺的即取消考试资格；有小问题则酌情扣分，扣分不超过 20 分 | | | | | | | |
| 加工时间 | | 30min 后尚未开始加工即终止考试；90min 后每超 1min 扣 1 分 | | | | | | | |
| 监考员 | | | 考评员 | | 成绩 | | 日期 | | |

### 3. 零件配合检测项目

| 姓名 | | | 准考证 | | | 定额时间 | | 180min |
|---|---|---|---|---|---|---|---|---|
| 工种 | 数控车工 | | 图号 | | | 加工时间 | | |
| 设备 | 数控车床 | | 零件名称 | 轴套类零件配合 | | 总分 | | 26分 |

| 序号 | 考核项目 | 考核内容及要求 | | 配分 | 评分标准 | 检查结果 | 扣分 | 得分 | 备注 |
|---|---|---|---|---|---|---|---|---|---|
| 1 | 配合 | 126±0.05 | IT | 5 | 不合格不得分 | | | | |
| 2 | | 124.06±0.05 | IT | 5 | 不合格不得分 | | | | |
| 3 | | 圆柱配合面积达70% | | 8 | 不合格不得分 | | | | |
| 4 | | 螺纹配合 | | 8 | 不合格不得分 | | | | |
| 监考员 | | 考评员 | | 成绩 | | 日期 | | | |

素质综合评分（评分：20分）

| 1 | 着装规范整洁 | 4 | | | |
|---|---|---|---|---|---|
| 2 | 工（量）具摆放规范 | 4 | | | |
| 3 | 开（关）机床顺序正确<br>注：关机床时床鞍停放位置合理 | 4 | | | |
| 4 | 工作结束后，清扫机床；<br>保证机床及地面干净整洁 | 4 | | | |
| 5 | 按照正确的操作规程操机 | 4 | | | |
| | | | | | |
| 加工过程 | 加工过程中，如违反操作规程，造成工、量夹具的损坏，则取消其比赛资格 | | | | |
| 程序编制 | 程序中有严重违反工艺的即取消考试资格；<br>有小问题则酌情扣分，扣分不超过20分 | | | | |
| 加工时间 | 30min后尚未开始加工即终止考试；90min后每超1min扣1分 | | | | |
| 监考员 | | 考评员 | | 总成绩 | 日期 |

## 四、任务总结评价

（一）自我评估

针对能力目标，对自己在任务实施过程中的表现给出分数（满分100分）以及 A 优秀、B 良好、C 合格、D 不合格等级予以客观评价。

| 知识与能力 | |
|---|---|
| | |
| | |
| | |
| 问题与建议 | |
| | |
| | |
| 自我打分：　　分 | 评价等级：　　级 |

（二）小组评价

小组同学对该同学在任务实施过程中的表现给出分数（单项0~20分）及等级予以客观、合理评价。

| 独立工作能力 | 学习创新能力 | 小组发挥作用 | 任务完成 | 其 他 |
|---|---|---|---|---|
| 分 | 分 | 分 | 分 | 分 |
| 五项总计得分：　　分 | | | 评价等级：　　级 | |

（三）教师评价

指导教师根据学生在学习及任务实施过程中的工作态度、综合能力、任务完成情况予以评价。

|  |
|---|
| 得分：　　分，评价等级：　　级 |

（四）任务综合评价

| 姓　名 | | 小组 | 指导教师 | | 班 |
|---|---|---|---|---|---|
| | | | | | 年　月　日 |

| 项目 | 评价标准 | 评价依据 | 自评 | 小组评 | 老师评 | 小计分 |
|---|---|---|---|---|---|---|
| 专业能力 | 1. 车削加工工艺制定正确，切削用量选择合理<br>2. 程序正确、简单、规范<br>3. 刀具选择及安装正确、规范<br>4. 工件找正及安装正确、规范<br>5. 工件加工完整、正确<br>6. 有独立的工作能力和创新意识 | 1. 操作准确、规范<br>2. 工作任务完成的程度及质量<br>3. 独立工作能力<br>4. 解决问题能力 | 0～25分 | 0～25分 | 0～50分 | （自评＋组评＋师评）×0.6 |
| | | 权重 0.6 | | | | |
| 职业素养 | 1. 遵守规章制度、劳动纪律<br>2. 积极参加团队作业，有良好的协作精神<br>3. 能综合运用知识，有较强学习能力和信息分析能力<br>4. 自觉遵守 6S 要求 | 1. 遵守纪律<br>2. 工作态度<br>3. 团队协作精神<br>4. 学习能力<br>5. 6S 要求 | 0～25分 | 0～25分 | 0～50分 | （自评＋组评＋师评）×0.4 |
| | | 权重 0.4 | | | | |
| 评价 | A（优　秀）：100～90 分<br>B（良　好）：89～70 分<br>C（合　格）：69～60 分<br>D（不合格）：59 分及以下 | 能力＋素养<br>总计得分 | | | 分 | |
| | | 等　级 | | | 级 | |

五、技能拓展

编制如图 5-2-5 所示零件的加工程序，零件毛坯为零件一 $\phi$50mm×210mm、零件二 $\phi$45mm×110mm 棒料，材料为铝合金和 45#钢，分别编制两种被加工材料的使用加工刀具卡、加工工序卡、加工程序等工艺文件；操作数控车床，完成零件的实际加工。

（a）零件一

（b）零件二

（c）装配图

图 5-2-5　综合零件加工图

（一）加工工艺分析

1. 分析零件图

2. 确定加工方案及加工工艺路线

加工方案：




加工工艺路线：



（二）实施设施准备

## 工、量、刃具清单

| 工、量、刃具清单 | | | | 精度（mm） | 单位 | 数量 |
|---|---|---|---|---|---|---|
| 种类 | 序号 | 名称 | 规格 | | | |
| 工具 | 1 | | | | | |
| | 2 | | | | | |
| | 3 | | | | | |
| | 4 | | | | | |
| | 5 | | | | | |
| | 6 | | | | | |
| | 7 | | | | | |
| | 8 | | | | | |

| 工、量、刃具清单 | | | | 精度（mm） | 单位 | 数量 |
|---|---|---|---|---|---|---|
| 种类 | 序号 | 名称 | 规格 | | | |
| 量具 | 1 | | | | | |
| | 2 | | | | | |
| | 3 | | | | | |
| | 4 | | | | | |
| | 5 | | | | | |
| | 6 | | | | | |
| | 7 | | | | | |
| | 8 | | | | | |
| | 9 | | | | | |
| 刃具 | 1 | | | | | |
| | 2 | | | | | |
| | 3 | | | | | |
| | 4 | | | | | |
| | 5 | | | | | |
| | 6 | | | | | |
| | 7 | | | | | |
| | 8 | | | | | |
| | 9 | | | | | |

（三）编制加工工艺卡片

**零件加工刀具卡**

| 产品名称或代号 | | | 零件名称 | | 零件图号 | | | |
|---|---|---|---|---|---|---|---|---|
| 序号 | 刀具号 | 刀具名称 | 数量 | 加工表面 | 刀尖半径 $R$（mm） | 刀尖方位 $T$ | 备注 | |
| | | | | | | | | |
| | | | | | | | | |
| | | | | | | | | |
| | | | | | | | | |
| | | | | | | | | |
| 编制 | | 审核 | | 批准 | | 日期 | | 共 页 第 页 |

## 零件加工工序卡

| 单位名称 | | 产品名称或代号 | | 零件名称 | | 零件图号 | | |
|---|---|---|---|---|---|---|---|---|
| 工序号 | 程序编号 | 夹具名称 | | 使用设备 | | 车间 | | |
| | | | | | | | | |
| 工步号 | 工步内容 | 刀具号 | 刀片规格 $R(mm)$ | 主轴转速 $n(r/min)$ | 进给速度 $V_c(mm/min)$ | 背吃刀量 $a_p(mm)$ | 备注 | |
| | | | | | | | | |
| | | | | | | | | |
| | | | | | | | | |
| | | | | | | | | |
| | | | | | | | | |
| | | | | | | | | |
| 编制 | | 审核 | | 批准 | | 日期 | | 共 页　第 页 |

## 零件加工程序单

程序名

| 程序段号 | 程序内容 | 说　明 |
|---|---|---|
| | | |
| | | |
| | | |
| | | |
| | | |
| | | |
| | | |
| | | |
| | | |
| | | |

程序名

| 程序段号 | 程序内容 | 说　明 |
|---|---|---|
|  |  |  |
|  |  |  |
|  |  |  |
|  |  |  |
|  |  |  |
|  |  |  |
|  |  |  |
|  |  |  |

（四）操作数控车床，完成零件实际加工

# 主要参考文献

[1] 胡涛，王小军．数控车床编程与操作基础．武汉华中数控国培部讲义．

[2] 邵长文，田坤英．数控车削项目教程．武汉：华中科技大学出版社，2009.

[3] 朱明松．数控车床编程与操作项目教程．北京：机械工业出版社，2008.

[4] 余常青，陈国衡，等．数控加工技术．武汉：华中科技大学出版社，2005.